数値解析入門

工学博士　片岡　　勲
工学博士　安田　秀幸
博士(工学)　高野　直樹
博士(工学)　芝原　正彦
共著

コロナ社

ま　え　が　き

現在，コンピュータは学術や産業分野のみならず広くわれわれの日常生活においても不可欠のものとなっている。特に，現代の科学技術の著しい発展は，コンピュータを用いた膨大なデータの解析，複雑な機器の設計，さまざまな現象の数値シミュレーションによる予測などがなければ到底達成できなかったであろう。これは，コンピュータのハードウェアの急速な高性能化によることはいうまでもないが，それを用いてさまざまな数値計算を可能とした，数値解析技術の進展があって初めて可能となったことも忘れてはならないであろう。

いまや，コンピュータを用いて数値計算を行う技術は，科学技術に携わるものにとって不可欠の素養となっている。特に，これから科学技術分野に進もうとする学生にとって，こうした数値解析の技術を学ぶことは分野を問わず絶対的に必要となるものである。しかしながら，多くの学生にとって数値解析技術は，各自の専門分野の学修，研究のためのツールとして身につけるものである。このような観点から，現在，数値解析についての教科書を見てみると，数値解析分野の泰斗による優れた著作は枚挙にいとまはないが，科学技術分野に進もうとする学生が入門として学ぶには，あまりにも詳細で膨大である場合が多く，初学者が，ツールとして数値解析技術を身につけるのに必要かつ十分な内容の入門書は意外と少ないのが現状である。

本書は，理工系の学生が大学 1, 2 年次において初めて数値解析を学ぶ場合を想定し，必要かつ最小限の内容をわかりやすく解説し，専門課程での学修や研究に必要な数値計算が可能となることを目的として執筆した。執筆にあたった著者は，大阪大学工学部応用理工学科において，機械工学，材料工学，生産科学の教育と研究に携わり，おのおのが専門とする研究分野ならびにその分野の学生に対する教育において数値解析技術をツールとして活用している教官である。各著者がその専門とする分野について執筆し，理工系の学生が初めて数値解析を学ぶ場合に必要かつ十分な内容となるよう全員で協議を重ねつつ本書を完成させた。

本書が21世紀のわが国の科学技術を背負う学生が数値解析技術を身につけ，各自の専門分野においてそれを活用するうえでの一助になれば幸いである。

2001年12月

著者を代表して

片岡　勲

目　　次

4　代数方程式，超越方程式の数値解法

5　曲線の当てはめ

6　数値微分・数値積分

7 常微分方程式の解法

8 偏微分方程式

9　モンテカルロ法

10　数値解析の応用

1 数値解析の基礎

世界最初の電子計算機ENIACが第2次世界大戦直後の1945年に完成してからわずか半世紀の間に，コンピュータのハードウェアとそれを用いた数値解析技術は著しい発展を遂げ，現在は，工学のすべての分野に携わる技術者，研究者にとってコンピュータを用いた数値解析技術は不可欠のものとなっている。10年ほど前には，大型のスーパーコンピュータでしかできなかった数値計算が，いまでは，デスクトップのパーソナルコンピュータで簡単に行えるようになってきており，今後も，その発展の勢いは変わらないであろう。

計算の速度も，飛躍的に進歩してきている。コンピュータが実用化された当初は，計算の速度は，MFLOPS（mega floating operation per second，1秒間当り浮動小数点の四則演算を100万回），あるいは，MIPS（mega instructions per second，1秒間当り命令の実行を100万回）の単位で表されていたが，すぐにGFLOPS（giga FLOPS，10億回の四則演算）のオーダになり，現在では最高性能のコンピュータはTFLOPS（tera FLOPS，1秒間に1兆回の四則演算）で表される速度になっている。また，コンピュータの主記憶装置も現在ではTbyte（1兆バイト，普通の精度の実数で約2 500億個の数値を同時に記憶する）のオーダになっている。これを用いて，従来はほとんど不可能と思われていた，数学，物理学，工学上の諸問題が数値的に解かれるようになってきている。

しかしながら，いくらコンピュータが発達しても数値計算には限界があることも注意する必要があるであろう。どんなに電子回路の技術が発達しても，一つの計算の素子は原子1個のオーダすなわち1Å（10^{-10} m）以下にはできないであろう。また，信号の伝播速度は物理的に光速（3×10^{8} m/s）以上になりえない。したがって，計算の時間はその比である 0.3333×10^{-18} s よりも早くすることはできない。かりにこの計算速度で宇宙の年齢である約50億年（1.67×10^{17} s）の間計算し続けたとしても，計算の回数は 5×10^{35} 回である。これよりも多くの計算回数を必要とする問題は，原理的には解きえても，人間の力では解くことができないことになる。この 5×10^{35} 回という回数は非常に大きいようであるが，物理現象を考えると容易に限界がくる。例えば，1 mol の気体中には 6×10^{23} 個の原子，分子が存在する。この原子，分子のすべての動きを数値計算で1ナノ秒ごとに計算すると（原子分子の計算では実際にはもっと小さな時間間隔で計算する必要があるといわれている），わずか1 000秒間の挙動を計算するのに計算回数は少なくとも 6×10^{35} 回必要となり，上記の計算限界を越えてしまう。

もちろん，これは1台のコンピュータで計算したらの話であって，コンピュータをたくさんつないで，同時に計算させれば，計算速度，計算回数は台数分だけ増える。これが並列コンピュータの概念である。この典型的な応用例が，最近の巨大科学プロジェクトとして計画されている地球シミュレータである。これは1台のコンピュータでは，地球全体の大気や，雲，海水の動きは予測できないので，地球の表面を小さな領域に分け，各領域を1台のスーパーコンピュータが受け持ち，多数のコンピュータが協力することにより地球全体の気象を正確に予測しようとするものである。じつは，この考え方は，コンピュータが出現する以前から提唱されていたものであったが（これが並列コンピュータのアイディアの基礎となった），当時は夢物語とされていた。しかし，コンピュータの飛躍的発展により，現実のものとなりつつある。

このように，コンピュータの発達に基礎をおいた数値解析技術は一方で非常に大きな力を人間に与えるとともに，人間の力の限界を教えてくれる。このことは，数値解析を行ううえで非常に重要な教訓をわれわれに与えてくれる。すなわち，コンピュータの能力が非常に大きくなったからといって，ただやみくもに数値計算をするのではなく，どのように計算を行うか，また，得られた結果をどのように解釈して，数学，物理学，工学の諸問題の解決にあたるかが重要であって，それがコンピュータを使って数値計算を行う人間の使命なのである。特に工学は，実際のさまざまな機器を設計し，それを動かし，人間の役に立てることが目的であるので，数値計算で得られた結果を，設計，運転，安全性の確保などに役立つよう人間が適切な解釈を行いそれを応用することが重要である。さもなければ，いかに高性能のコンピュータを使った詳細な計算結果も，ただの数値の膨大な羅列にすぎなくなる。

また，数値計算には誤りがつきものである。最近では，技術者を志す人の中にも，コンピュータの計算結果を無批判に受け入れ，信じてしまう人が少なくない。工学はつねに現実の物体や物理量を相手にしている。数メートルのオーダの装置を設計する計算の中で数キロメートルのオーダの結果が出てきたり，地上での装置の動く速度が数万キロ/秒の結果が出てきたら，どこか計算がおかしいと思ってチェックすることが重要である。要は，計算結果（したがって，コンピュータ）を生かすも殺すもすべて人間の知恵にかかっているのである。実際，数値解析の理論やテクニックの多くは，コンピュータが出現するはるか以前から開発されていた。筆算やそろばん，機械的計算機（パスカルの発明した計算機が有名）で数値計算を行う場合には計算そのものが非常に労力を要するため，効率的にかつ正確に計算するためのいろいろな方法が考え出された。本書の以下の章の中には，ニュートンやガウスなどのコンピュータが現れるはるか以前の数学者，物理学者の名前が出てくることからもそのことは理解できるであろう。

本書では，工学に必要とされる，電磁気学，流体力学，材料力学，化学などで用いられる数値解析の方法を理解するための代表的な方法についてわかりやすく解説した。それぞれの方法については，各章で詳しく説明するが，本章ではそうした数値解析に共通で数値解析特有のいくつかの注意すべき事項について述べる。

1.1　数値の内部表現と丸め誤差

現在の電子回路によるコンピュータはその記憶や演算の最小単位は回路内での電圧の低い，高いを0と1の二進法として取り扱っている。コンピュータの中でのこの0と1の最小単位のことを**ビット**（bit）と呼ぶ。このビットの単位は小さすぎるので，ほとんどのコンピュータでは8 bitを一つの単位として記憶や演算を行っている。この8 bitのひとまとまりのことを1**バイト**（byte）と呼ぶ。通常コンピュータの中では数値は4 byte（32 bit）を用いて記憶されたり，演算されたりする。したがって，コンピュータの中では，有限の桁数の数値しか取り扱うことができない。これがコンピュータを用いた数値計算において重要なことであり留意すべきことである。もちろん人間が筆算を行う場合でも有限の桁数の数値しか取り扱えないのであるが，人間は無限大，無限小の抽象概念をもっており，その概念に基づき，実際の計算をしているのが近似値であるとの意識をつねにもっている。いうまでもなく，コンピュータには無限大，無限小の概念はない。したがって，コンピュータによる数値計算の結果を近似値として正しく取り扱うのは人間の役目である。

コンピュータの中での数値は，整数型と実数型（小数点をもつ数値）の2種類に分かれており，いずれも通常は4 byteで表現される。整数型の数値は**図1.1**に示すように32 bit（4 byte）のうち，最初の1 bitは正負の符号に用い，残りの31 bitで数値を表現する。31 bitで表現できる2進数は

$$0 \text{ から } 2^{31}-1=2\,147\,483\,647$$

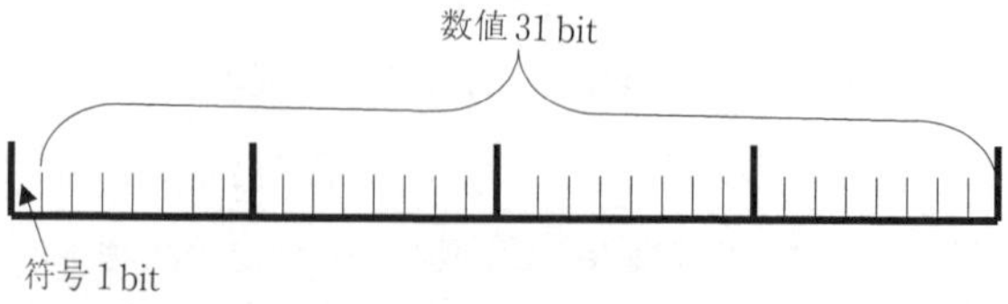

図1.1　整数型定数の内部表現

であるから10進数で9桁までの整数を取り扱うことができる。逆にいうと，10桁以上の整数は取り扱えなくなる。大きな桁数の整数の計算が必要な場合には，8 byte（64 bit）で一つの整数を表すものを指定（倍精度整数）することができる。

一方，通常の小数点をもつ数値は，実数型として，同じく4 byte（32 bit）で表現されるが，**図1.2**に示すように整数型と違い，符号のほかに，指数を表すのに7 bitを用いるので（これを指数部と呼ぶ），数値を表現するのは残りの3 byte（24 bit，これを仮数部と呼ぶ）となる。小数点をもつ数はこの指数部と仮数部を用いて

$$0.1234567 \times 10^{-12}$$

のように表現される。24 bitで表現される2進数を10進数に直すと，7桁までの有効数字の実数を表現できる。したがって，有効数字8桁以上の実数の8桁以下は切捨てあるいは四捨五入される。

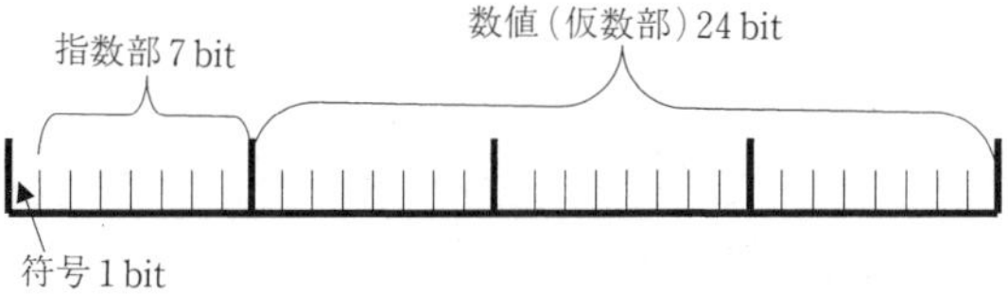

図1.2　実数型定数の内部表現

このようにコンピュータの中での数値は有限の桁数しか表すことができないので，その範囲の桁数を超えた部分は四捨五入などによって一定の桁数内に丸められてしまう。これを，丸め誤差と呼ぶ。例えば0.123456789という数値は通常の4 byte実数型では0.1234568となってしまい，最大で0.0000001の丸め誤差を生じる。丸め誤差は，一見小さいように見えるが，数値計算のうえでは時には計算結果に重大な影響を及ぼし，計算結果をまったくでたらめなものにしてしまう可能性があるのできわめて注意を要する。これは，数値計算が，コンピュータの計算速度を利用して，膨大な繰返し計算を行う結果，1回ごとの誤差は小さくてもこれが積み重なると大きな誤差を生じることによる。すな

わち「塵もつもれば山となる」わけである。また，たった1回の計算でもこの丸め誤差により，深刻な計算違いが生じることがある。これが桁落ちという現象である。

いま，二つの実数 a，b があって

$$a = 123.45678912 \tag{1.1}$$

$$b - 123.45684321 \tag{1.2}$$

であったとする。このとき，b から a を引いた値は

$$b - a = 0.00005409 \tag{1.3}$$

であるが，a と b を7桁までで四捨五入して近似するといずれも，123.4568となり，計算結果は0となってしまう。このように非常に値の近い二つの数値があり，その差が有効数字の桁以下である場合に，引き算をコンピュータで行わせると，当然の話であるが，計算結果は無意味で誤ったものとなる。これを桁落ちと呼ぶ。0と0.00005409の違いは大したことはないと思うかもしれないが，もし，この差で別の実数 c を割るような計算（$c/(b-a)$）を行えば，その違いは破局的なものになる。

上のような例は，人間が実際に手計算で行う場合には起こりにくい（しかし，しばしば有効数字の重要性を忘れてこのような計算をする人もいるが）ことであるが，コンピュータのプログラムを組んで，計算する場合には途中の経過がわからず，このような桁落ちが生じ，その結果大きな計算の誤りをおかすことが少なくない。例えば，2次方程式

$$ax^2 + bx + c = 0 \tag{1.4}$$

の解

$$x = \frac{-b \pm \sqrt{b^2 - 4ac}}{2a} \tag{1.5}$$

を求めるプログラムを作成し，解を求める場合にもし

$$b^2 \gg |4ac| \tag{1.6}$$

であったとすると

$$|b| \cong \sqrt{b^2 - 4ac} \tag{1.7}$$

となり，式(1.5)の解の一方を求める場合に非常に近い値の引き算を行うことになってしまい，上述の桁落ちが起こることがある。ただし，上述のケースは，このようなことが起こることが予測されるので，プログラム中でもし式(1.7)のような条件になった場合には，桁落ちの起こらない解（式(1.5)で一方の解は足し算となり桁落ちが起こらない）x_1を求め，桁落ちが起こる可能性のある解x_2を解と係数の関係を用いて

$$x_2 = \frac{c}{ax_1} \tag{1.8}$$

で求めるようにすればよい。このように，あらかじめ桁落ちが予測される場合には数値計算上の対処が可能であるが，計算を何度か繰り返す過程で起こる桁落ちに関しては，その対処が非常に難しい。例えば，上の引き算の例を拡張して，つぎの四つの実数a，b，c，dを考えよう。

$$a = 123.45677912 \tag{1.9}$$

$$b = 120.12345678 \tag{1.10}$$

$$c = 368.91224456 \tag{1.11}$$

$$d = 365.57890123 \tag{1.12}$$

ここで，$a - b$，$c - d$を計算する場合，正確な値は

$$a - b = 3.33332234 \tag{1.13}$$

$$c - d = 3.33334333 \tag{1.14}$$

であるが，8桁目を四捨五入して計算した値は

$$a - b = 3.3333 \tag{1.15}$$

$$c - d = 3.3333 \tag{1.16}$$

となり有効数字は少し減るが，深刻な桁落ちは生じていない。しかしながら，さらに$(a - b) - (c - d)$を計算すると，式(1.15)の値を，式(1.16)の値で引くことになるので，それぞれの計算の場合にはそれほど大きな桁落ちがないにもかかわらず，最終的には深刻な桁落ちが生じて正確な値が得られない。この場合にも，もし人間が手計算を行っていれば当然気が付くが，コンピュータのプログラムで計算を行わせると知らないうちに桁落ちが起きてしまい，不正

確な計算結果となってしまう場合が多い。

このような例は特殊な例だと考えるかもしれないが，このようなことは数値計算では容易に起きてしまう。いま，指数関数を級数展開を用いて計算することを考えてみる。指数関数の級数展開は

$$e^x = 1 + x + \frac{1}{2}x^2 + \frac{1}{6}x^3 + \cdots + \frac{1}{n!}x^n \cdots \tag{1.17}$$

で与えられるので，第 50 項までの和で近似して求めてみることを考えよう。x が正の場合にはなんの問題もなく，近似値が得られる。しかし x が負のある値以上の場合には桁落ちが生じてしまい正しい結果が得られない。例えば e^{-10} を求めてみると

$$e^{-10} \cong 1 + (-10) + \frac{1}{2}(-10)^2 + \frac{1}{6}(-10)^3 + \frac{1}{4!}(-10)^4 + \cdots + \frac{1}{50!}(-10)^{50} \tag{1.18}$$

この場合には大きな値の数値の引き算を繰り返すことにより非常に小さな数を求めることになるので，桁落ちが生じてしまい，正しい結果が得られない。式(1.18)から通常の精度の実数型で計算を行うと得られる値は 1.9332534×10^{-4} となり（これは項数をこれ以上増やしても変わらない），$e^{-10} = 4.5399931 \times 10^{-5}$ とは大きくかけ離れた値しか得られない。この場合も，もし $e^{-10} = 1/e^{10}$ として e^{10} を先に求めて計算すれば桁落ちは起こらず，少ない項数の計算で正確な近似値が得られる。

このように，数値計算においては，丸め誤差について十分な注意を払う必要がある。こうした丸め誤差の影響を小さくする一つの方法としては，有効数字の桁数を増やすことである。上にも述べたように通常の実数は 4 byte（32 bit）で表現されるので有効数字は 7 桁であった。しかしながら，現在の多くのコンピュータおよびそれを用いる計算言語では，8 byte（64 bit）で実数を表現する倍精度実数型および 16 byte（128 bit）で実数を表現する 4 倍精度実数型を取り扱える。こうすれば有効数字の桁数は飛躍的に増える（倍精度で有効数字は 16 桁）。したがって，桁落ちなどが懸念される場合にはこうした有効数字の

多い実数を用いる必要がある。しかし，こうした倍精度，4 倍精度の実数はそれだけコンピュータの記憶容量を多く使い，かつ計算時間も多くなるので，必要もないのに使うことはかえって，数値計算の効率を下げることになる。要は，数値計算を行う人間が，丸め誤差を十分に認識して，適切にプログラムを作成すること，計算結果について，こうした丸め誤差の影響も含め批判的に検討する態度が重要なのである。

1.2　打切り誤差と数値拡散

前節ではコンピュータは有限の桁数の数値しか取り扱えないことに起因する丸め誤差について述べた。コンピュータおよび数値計算の特徴として，計算回数が有限しか行えないことによる誤差を考慮することが重要である。数学においては，無限級数を用いる場合が多い。代表的なものは式(1.17)で表されるような，関数の無限級数展開である。また，次式で表される関数のテイラー展開も解析学ではよく用いられ，これを，数値計算に利用する場合も非常に多い。

$$f(x+h) = f(x) + f'(x)h + \frac{1}{2}f''(x)h^2 + \frac{1}{6}f'''(x)h^3 + \cdots + \frac{1}{n!}f^{(n)}(x)h^n \cdots \tag{1.19}$$

ここで，$f^{(n)}(x)$ は $f(x)$ の n 階導関数である。こうした無限級数は人間が無限の概念をもっているから定義できるのであって，手計算，あるいはコンピュータを用いた数値計算で無限回の計算をすることは当然のことながら不可能である。したがって，数値計算において無限級数を取り扱う場合には（もちろん，その級数が収束する場合だけであるが），適当な項数までの和で無限級数を近似することになる。

上に述べた，指数関数や，テイラー展開は通常 n 項までの和として近似される。

$$e^x \cong 1 + x + \frac{1}{2}x^2 + \frac{1}{6}x^3 + \cdots + \frac{1}{n!}x^n \tag{1.20}$$

$$f(x+h) \cong f(x) + f'(x)h + \frac{1}{2}f''(x)h^2 + \frac{1}{6}f'''(x)h^3 + \cdots + \frac{1}{n!}f^{(n)}(x)h^n \tag{1.21}$$

また，数値計算では，微分を差分で近似する。

$$f'(x) \cong \frac{f(x+h) - f(x)}{h} \tag{1.22}$$

これは式(1.21)の近似を第1項までにしたものであり，関数の勾配を計算したり，微分方程式の数値解法などに用いられる。また積分も無限級数の和であるので，数値計算上は有限個の図形の面積の和で近似することになる。この，有限項での無限級数の計算を打ち切ることにより生じる，真の値との誤差を打切り誤差と呼ぶ。

式(1.20)，式(1.21)の場合の打切り誤差は

$$\sum_{i=n+1}^{\infty} \frac{1}{i!}x^i, \quad \sum_{i=n+1}^{\infty} \frac{1}{i!}f^{(i)}(x)h^i$$

であり，式(1.22)の場合の打切り誤差は

$$\sum_{i=2}^{\infty} \frac{1}{i!}f^{(i)}(x)h^{i-1}$$

となる。

打切り誤差も，丸め誤差と同様，数値計算においてきわめて重要であり，その取扱いには十分な注意が必要である。丸め誤差の場合にも述べたように，コンピュータを用いた数値計算においては膨大な数の繰返し計算を行う場合があり，これによって，こうした打切り誤差が集積し思いもよらぬ誤りをおかす可能性がある。また，こうした，無限級数の有限項までの打切りによって，本来，モデル化する物理現象になかった現象が，計算上現れる場合がある。その代表的なものがあとに述べる数値拡散現象である。

打切り誤差を小さくする方法は簡単である。要するに，無限級数を近似する項数を大きくすればよい。ただし，項数を大きくすればするほど，計算に要する時間は増えていく。また，前節で述べた丸め誤差があるので，ある程度以

上，項数を増やしても，打切り誤差は小さくならない。すなわち，無限級数の n 項目の値は 0 に収束するので n 項目の値が，それまでの項の和の有効数字の 8 桁目以下の大きさになってしまうと，丸め誤差の影響のため，もはや，計算の意味がなくなってしまう。

打切り誤差を小さくするもう一つの方法は式(1.19)のテイラー展開の場合のように，ある有限の間隔 h で無限級数が表されている場合に，この間隔 h を小さくしてやればよい。テイラー展開の打切り誤差は

$$\sum_{i=n+1}^{\infty}\frac{1}{i!}f^{(i)}(x)h^{i}$$

であるから，h を 0 に近付ければ打切り誤差も 0 に近付いていく。ただし，この場合にも，上に述べたように，丸め誤差の影響のため，h がある値以下になると，それ以上 h を小さくしても打切り誤差は小さくならない。それどころか，場合によっては誤差が大きくなる場合もある。

一例として，式(1.22)による微分の差分近似を考えてみよう。この場合，打切り誤差は上にも述べたように

$$\sum_{i=2}^{\infty}\frac{1}{i!}f^{(i)}(x)h^{i-1}$$

であって，h が十分小さくなれば高次の項は無視できて，打切り誤差は h にほぼ比例する。一方，丸め誤差は h の大きさに関係なく有効数字の 8 桁目の大きさで決まる。いまこれを ε としよう。微分の差分近似では式(1.22)のように引き算の結果を h で割っているので分子の引き算の丸め誤差を h で割った ε/h が丸め誤差となる。したがって，丸め誤差の影響は h に反比例して大きくなる。丸め誤差はもともと小さな値であるので，h を小さくしていくとき，初め打切り誤差の影響が大きく全体の誤差は h に比例して小さくなるが，h がある値以下になると，丸め誤差の影響が顕著になって，全体の誤差は h に反比例して大きくなってしまう。数値計算では，連続的な領域を，有限に分割して近似計算を行うことが多い。h を小さくすることはこの分割数を大きくすることである。分割数を大きくすればそれだけ正確な計算が行えるような錯覚を

抱きがちであるが，上の例に示したように，丸め誤差の影響によりある程度以上分割数を大きくすると，かえって誤差が大きくなる場合があるので十分な注意が必要である。

以上に述べたことは，数値計算において無限級数を有限個で打ち切ることによる，数値的な誤差であったが，こうした，無限級数を有限個で近似することは，解析しようとしていた数式およびそれによってモデル化されていた物理現象そのものにも影響を及ぼす場合がある。この代表例が数値拡散である。工学分野においては，電磁気学，流体力学，熱力学，材料力学などで，さまざまな形の微分方程式を数値計算により解く必要が出てくる。数値計算では解析的な微分は行えないので，式(1.22)のように微分を有限間隔の差分で近似することになる。この近似によってもとの微分方程式がどのように変わるかを詳細に考えてみる。

例として，流れによって，物質や運動量，熱などが輸送される次式で与えられる偏微分方程式を考えてみよう。

$$\frac{\partial \varphi}{\partial t} + u\frac{\partial \varphi}{\partial x} = 0 \tag{1.23}$$

ここでは，u は流れの速度，φ は流れによって輸送される物質や運動量，熱を表す。また t は時間，x は流れ方向である。いま，$\varphi(x+\varDelta x,\ t)$，$\varphi(x,\ t+\varDelta t)$ をテイラー展開すると

$$\varphi(x+\varDelta x,\ t) = \varphi(x,\ t) + \frac{\partial \varphi(x,\ t)}{\partial x}\varDelta x + \frac{1}{2}\frac{\partial^2 \varphi(x,\ t)}{\partial x^2}\varDelta x^2 + \cdots + \frac{1}{n!}\frac{\partial^n \varphi(x,\ t)}{\partial x^n}\varDelta x^n \cdots \tag{1.24}$$

$$\varphi(x,\ t+\varDelta t) = \varphi(x,\ t) + \frac{\partial \varphi(x,\ t)}{\partial t}\varDelta t + \frac{1}{2}\frac{\partial^2 \varphi(x,\ t)}{\partial t^2}\varDelta t^2 + \cdots + \frac{1}{n!}\frac{\partial^n \varphi(x,\ t)}{\partial t^n}\varDelta t^n \cdots \tag{1.25}$$

式(1.24)，(1.25)を式(1.23)に代入し，整理するとつぎのようになる。

$$\frac{\varphi(x,\ t+\varDelta t) - \varphi(x,\ t)}{\varDelta t} + u\frac{\varphi(x+\varDelta x,\ t) - \varphi(x,\ t)}{\varDelta x}$$

$$= \left\{\frac{1}{2}\frac{\partial^2 \varphi(x,\ t)}{\partial t^2}\varDelta t + \cdots + \frac{1}{n!}\frac{\partial^n \varphi(x,\ t)}{\partial t^n}\varDelta t^{n-1}\cdots\right\}$$

$$+ u\left\{\frac{1}{2}\frac{\partial^2 \varphi(x,\ t)}{\partial x^2}\varDelta x + \cdots + \frac{1}{n!}\frac{\partial^n \varphi(x,\ t)}{\partial x^n}\varDelta x^{n-1}\cdots\right\} \tag{1.26}$$

ここで流れの速度の意味から

$$u = \frac{\varDelta x}{\varDelta t} \tag{1.27}$$

に注意し，$\varDelta t$，$\varDelta x$ の 2 次以上の項を無視すると式(1.26)はつぎのようになる。

$$\frac{\varphi(x,\ t+\varDelta t) - \varphi(x,\ t)}{\varDelta t} + u\frac{\varphi(x+\varDelta x,\ t) - \varphi(x,\ t)}{\varDelta x}$$

$$= \frac{1}{2}\frac{\partial^2 \varphi(x,\ t)}{\partial t^2}\varDelta t + u^2\frac{1}{2}\frac{\partial^2 \varphi(x,\ t)}{\partial x^2}\varDelta t \tag{1.28}$$

さらに式(1.23)を，x，t で微分した式

$$\frac{\partial^2 \varphi}{\partial t^2} = -u\frac{\partial^2 \varphi}{\partial x \partial t} \tag{1.29}$$

$$\frac{\partial^2 \varphi}{\partial x^2} = -\frac{1}{u}\frac{\partial^2 \varphi}{\partial x \partial t} \tag{1.30}$$

から

$$\frac{\partial^2 \varphi}{\partial t^2} = u^2\frac{\partial^2 \varphi}{\partial x^2} \tag{1.31}$$

であるから，これを式(1.28)に代入して

$$\frac{\varphi(x,\ t+\varDelta t) - \varphi(x,\ t)}{\varDelta t} + u\frac{\varphi(x+\varDelta x,\ t) - \varphi(x,\ t)}{\varDelta x}$$

$$= u^2\varDelta t\frac{\partial^2 \varphi(x,\ t)}{\partial x^2} \tag{1.32}$$

すなわち式(1.23)の時間，および空間での微分を有限区間の差分で近似した場合には，式(1.32)の右辺に現れる，空間の 2 階の微分の項が付加されることになる。この 2 階微分項は φ が運動量の場合には粘性項，熱量の場合には熱伝導項，物質の場合には拡散項に相当するものである。またその場合の粘性係数，熱伝導率，拡散係数はいずれの場合にも $u^2\varDelta t$ で与えられる。このこと

は，微分方程式の微分項を差分で近似した結果として，本来の数式（この場合には式(1.23)）にはなかった，運動量，熱，物資の拡散項が現れるようになったことを意味する。この項のことを数値拡散項と呼ぶ。その，数値拡散項の影響が大きくなると，本来の現象，本来の数式には現れない現象が数値解析の結果として現れるようになる。これも，無限級数を有限個で打ち切った結果として現れるものであり，特に，式(1.23)のような形の微分方程式を数値解析により解く場合には注意を要する事柄である。

このように，無限級数を有限個で打ち切った結果として，本来の数式や現象になかった項があたかも現象として存在するように現れる例はそのほかにもあり，数値解析の精度を考えるうえでやっかいな問題である。この項も，式(1.32)に表されるように時間幅を小さくしてやれば小さくなる。しかしながら，その分計算の量が増えることになり，実際の数値計算では，計算量と精度のバランスを考えて適当な値をとっている。

1.3　数値解析の手法

以上に述べてきたように，数値解析は数学的には無限小，無限大，連続，無限級数といった解析的概念で表されたさまざまの数式を有限の有効数字と有限の計算回数によって近似的に解こうとするものである。その具体的な方法は，以下の各章において詳細に説明するが，工学的応用としては，数値解析は，さまざまな連続的な領域での微分方程式を有限の区間で近似して解くことが多い。電磁気学におけるマックスウェル方程式，流体力学におけるナビエ-ストークス方程式，熱力学における熱伝導方程式，物質移動における拡散方程式などである。

こうした，連続領域での微分方程式（通常は連立の偏微分方程式となっている）を数値的に解く方法についてはこれまでもいろいろな方法が開発されている。その具体的な方法は7章，8章に述べるがここではその基本となる，微分方程式の離散化の方法について代表的な考え方を述べる。数値解析における離散化法としては，差分法，有限要素法，境界要素法が現在最も一般的に用いられている。

有限差分法（finite difference method，FDM）は微分方程式を解くうえで最もわかりやすく基本的な方法である。これは，前節でも述べたように，微分を有限間隔の差分で近似するものである。最も簡単な近似は，式(1.22)の形であるが，打切り誤差を小さくするためにも，また，数値拡散の影響を小さくするためにも，より，高精度の差分式が開発されており，これらを用いて，偏微分方程式を差分方程式に変換する。この方法は，理解しやすく，離散化も容易であるが，差分近似のためには，時間空間の領域を矩形の領域で分割する必要がある。このような矩形の分割では，境界が曲線，曲面で表される場合に，矩形領域で階段状に近似することになり，複雑な境界の形状の計算を行う場合には精度などの面で問題がある。

有限要素法（finite element method，FEM）は解析する連続領域を大小さまざまな多角形（2次元），多面体（3次元）に分割し，その各領域の中で，微分方程式を変分原理（微分方程式から得られる評価関数を最小にするような関数を求める方法）を用いて解く方法である。変分問題の解法としては近似関数と補間を用いて，領域内の離散的な量の間の関係式を求め（Ritz-Galerkin法），微分方程式を離散化するものである。この方法は，差分法に比べて変分原理などを用いるためにやや難解で離散化式の直感的な意味をとらえにくい面があるが（場合によっては差分法と同じ形が得られるが），多角形，多面体で領域を分割するので，2次元，3次元のさまざまな形状の領域に適用可能であり，高精度の計算が可能であり，構造計算，流体計算，熱計算などさまざまな問題に適用されている。その詳細と応用例については10.5節で述べる。

境界要素法（boundary element method，BEM）は偏微分方程式を解こうとしている領域内で積分し積分定理を用いて領域の境界での積分に変換する。これにより，微分方程式を解析領域の境界での離散的な値の間の関係式に近似することが可能である。こうして求めた境界での値およびそこでの勾配から解析領域の内部の値が計算できる。この方法は解析領域の次元を下げることができるので，多次元の計算の場合コンピュータの負荷が小さくなり，計算時間も早くなる。この方法では解析領域の境界をさまざまな形状の小領域に分割し，そこでの離散的な値の間の関係式を求めるものである。この方法もさまざまな境界形状の多次元計算が可能である。ただしこの方法では取り扱う偏微分方程式の基本解がわかっている必要があり，離散化の過程はやや複雑となる。

以上のいずれの方法を用いても，微分方程式は，離散的な変数の間の線形，あるいは非線形の多元連立代数方程式となる。したがって，偏微分方程式を解くことは多元連立代数方程式を解くことに帰着される。コンピュータの飛躍的発展によって，非常に元数の大きい連立方程式が高速に解けるようになったため，こうした微分方程式が短時間で簡単に解けるようになってきた。この反面，あまりに簡単に数値解が得られるため，得られた結果を無批判に信じる場合も多い。重要なことは，工学上のさまざまな現象を正確に数学的に表現できているか，それを解くための数値解法は適切なものかなどについて，つねに注意を払いながら解析を行っていくことである。

2

行列の計算

2.1　行列の種類と性質

正方行列 $\boldsymbol{A}=(a_{ij})(i=1,\ \cdots,\ n,\ j=1,\ \cdots,\ n)$ を考える。ここでは，物理現象の数値解析で一般に現れる行列を念頭におき，その成分は実数とする。成分中，a_{ii} を対角成分という。非対角成分の上三角部分と下三角部分を入れ換えた行列を転置行列といい，$\boldsymbol{A}^T=(a_{ji})$ と表す。$\boldsymbol{A}^T=\boldsymbol{A}$，すなわち，$a_{ji}=a_{ij}$ ならば**対称行列**（symmetric matrix）という。物理現象を定式化した結果，最終的に導かれる連立方程式の係数行列は対称行列となることが多くある。

さて，上記の行列 $\boldsymbol{A}$ の成分数は n^2 であり，n の増加に対して行列の成分数は 2 乗で増大する。したがって，数値解析において行列を扱う場合，いかに最近のコンピュータが大容量化・高速化してきたとはいえ，行列の全成分を記憶するのはたいへんなことである。例えば，$n=10\,000$ の場合，全成分数は $n^2=10^8$ であり，コンピュータでは倍精度実数として記憶するなら 1 成分につき 8 B（byte）であるため，800 MB が必要になる。行列が対称であるならば，記憶しなければならない成分は約半分（対角成分があるためちょうど半分ではない）ですむ。行列を扱う種々の数値解析において，対称性などの行列の性質を利用することが必須となることが理解できよう。

さらに，物理現象を定式化して得られる行列の成分には，多くの零成分が含まれることがある。非零成分がどのような形で存在するかは，扱う物理現象や定式化の手法により異なるが，**図 2.1** のようないくつかの代表的な形に分類される[4)†]。また，固有値と固有ベクトルの計算や 3 章で述べる連立方程式の解法などにおいて現れる重要な行列も含まれている。まず，行列の対角成分より下の成分だけが非零となる行列，すなわち，$a_{ij} = 0\,(i < j)$ となる行列を**下三角行列**（lower triangular matrix）といい，$\boldsymbol{L}$ で表すことが多い。逆に，$a_{ij} = 0\,(i > j)$ となる行列を**上三角行列**（upper triangular matrix）といい，$\boldsymbol{U}$ で表す。対角成分以外が零，すなわち，$a_{ij} = 0\,(i \neq j)$ となる場合は**対角行列**（diagonal matrix）といい，$\boldsymbol{D}$ で表し，その成分を簡単に $\boldsymbol{D} = (d_i)$ と書くこともある。また，図 2.1(d)のように非零成分が対角の近辺に集中することもよくあり，これを**帯行列**（band matrix）という。帯行列は，より一般的には図 2.1(e)のような形をとることがあり，固体力学や構造解析で通常現れる行列である。非零成分のアウトラインが高層ビルのシルエットに似ていることか

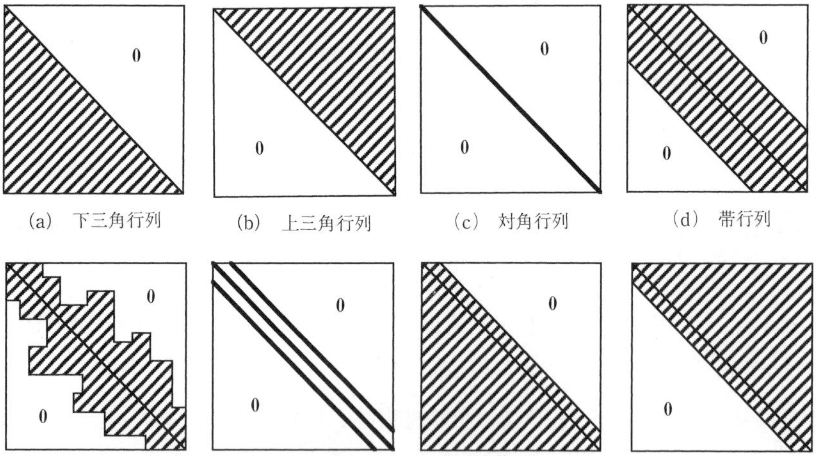

(a)　下三角行列　(b)　上三角行列　(c)　対角行列　(d)　帯行列

(e)　スカイライン行列　(f)　三重対角行列　(g)　下ヘッセンベルグ行列　(h)　上ヘッセンベルグ行列

図 2.1　行列の種類

† 肩付き数字は，巻末の引用・参考文献の番号を表す。

らスカイライン行列と呼ぶことがある[4)]。行列の成分のほとんどが（例えば，9割以上など）零成分であるような行列を**疎行列**（sparse matrix）と呼ぶ。また，三重対角行列やヘッセンベルグ行列は固有値の計算において現れる。

行列式 $\det \boldsymbol{A}$ が非零の場合に，行列 $\boldsymbol{A}$ は正則行列であるといい，**逆行列**（inverse matrix）$\boldsymbol{A}^{-1}$ をもつ。$\boldsymbol{A}\boldsymbol{A}^{-1} = \boldsymbol{I}$（$\boldsymbol{I}$ は単位行列）である。工学における数値解析において，多くの場合に逆行列の計算が必要となる。連立1次方程式 $\boldsymbol{A}\boldsymbol{x} = \boldsymbol{b}$（$\boldsymbol{x}$，$\boldsymbol{b}$ はベクトル）を解くには，逆行列がわかれば，解は $\boldsymbol{x} = \boldsymbol{A}^{-1}\boldsymbol{b}$ より求められる。しかし，この連立方程式の求解がじつはたいへんな作業となることが多い。これについては3章で解説する。このとき，上述の対称性や疎である性質などを利用して，計算量の削減と必要な記憶容量の削減を図ることにより大規模な問題を解くことが可能となり，複雑な物理現象の解明や材料・構造物の設計に役立てられている。なお，対角行列 $\boldsymbol{D} = (d_i)(d_i \neq 0)$ の逆行列はただちに知ることができ，$\boldsymbol{D}^{-1} = (1/d_i)$ である。このことを利用して，自動車などの衝撃問題を解く際の質量行列を対角行列の形で評価する手法が一般的に用いられている。

行列 $\boldsymbol{A}$ について，$\mathrm{tr}\,\boldsymbol{A} = a_{11} + a_{22} + \cdots + a_{nn} = \sum_{i=1}^{n} a_{ii}$ を行列 $\boldsymbol{A}$ の**トレース**（trace）という。また，$\det \boldsymbol{A} = |\,\boldsymbol{A}\,|$ は**行列式**（determinant）である。

行列どうし，あるいは行列とベクトルの演算としては

$$\boldsymbol{A} + \boldsymbol{B} = \boldsymbol{P}$$

$$\boldsymbol{A} - \boldsymbol{B} = \boldsymbol{Q}$$

$$\boldsymbol{A}\boldsymbol{B} = \boldsymbol{R}$$

$$\boldsymbol{x}^T\boldsymbol{A}\boldsymbol{x} = c$$

のような和差積の各演算がある。なお，四つ目の式で，任意の非零ベクトル $\boldsymbol{x}$ に対して $\boldsymbol{x}^T\boldsymbol{A}\boldsymbol{x}$ の値が正の場合，行列 $\boldsymbol{A}$ は**正定値**（positive definite）あるいは正値行列であるという。

最後に行列の性質を表す量であるノルムについて簡単に述べる。行列のノルムの説明の前に，ベクトルのノルムについて述べる。ベクトル $\boldsymbol{x}$ のノルム

$\| \boldsymbol{x} \|$とは，つぎの三つの関係を満たすスカラ量である。

（i）$\| \boldsymbol{x} \| \geqq 0$，ただし，$\boldsymbol{x} = \boldsymbol{0}$のときだけ$\| \boldsymbol{x} \| = 0$である

（ii）スカラcに対して，$\| c\boldsymbol{x} \| = | c | \| \boldsymbol{x} \|$

（iii）$\| \boldsymbol{x} + \boldsymbol{y} \| \leqq \| \boldsymbol{x} \| + \| \boldsymbol{y} \|$

ベクトルのノルムとしてよく用いられるのは

$$\| \boldsymbol{x} \|_p = \left(\sum_{i=1}^{n} | x_i |^p \right)^{1/p} \tag{2.1}$$

なる量である。$p = 1$のとき絶対和ノルムという。$p = 2$のときユークリッド・ノルムといい，よく知られたベクトルの大きさ，あるいは距離を表すものであり

$$\| \boldsymbol{x} \|_2^2 = \boldsymbol{x}^T \boldsymbol{x} \tag{2.2}$$

と表すことができる。これを単に$| \boldsymbol{x} |$と表すこともある。$p = \infty$のときは

$$\| \boldsymbol{x} \|_\infty = \max_i | x_i | \tag{2.3}$$

で定義され，最大値ノルムという。

つぎに，行列のノルムを

$$\| \boldsymbol{A} \| = \max_{x \neq 0} \frac{\| \boldsymbol{A}\boldsymbol{x} \|}{\| \boldsymbol{x} \|} \tag{2.4}$$

で定義する。よく用いられる定義は，ベクトルの場合と同様に

$$\| \boldsymbol{A} \|_p = \max_{x \neq 0} \frac{\| \boldsymbol{A}\boldsymbol{x} \|_p}{\| \boldsymbol{x} \|_p} \tag{2.5}$$

である。

$p = 1$のときは

$$\| \boldsymbol{A} \|_1 = \max_j \sum_{i=1}^{n} | a_{ij} | \tag{2.6}$$

となり，各列の成分の絶対和のうち最大のものである。

$p = 2$のときは，式(2.2)より

$$\| \boldsymbol{A} \|_2^2 = \max_{x \neq 0} \frac{\boldsymbol{x}^T \boldsymbol{A}^T \boldsymbol{A} \boldsymbol{x}}{\boldsymbol{x}^T \boldsymbol{x}} \tag{2.7}$$

となる。これより得られるノルム$\| \boldsymbol{A} \|_2$はスペクトルノルムと呼ばれ，$\boldsymbol{A}^T\boldsymbol{A}$

の最大固有値の平方根になることが知られている。

$p = \infty$ のときは，$\max_i |x_i| = 1$ とおけば

$$\|\boldsymbol{A}\|_\infty = \max_i \sum_{j=1}^{n} |a_{ij}| \tag{2.8}$$

となり，各行の成分の絶対和のうち最大のものである。

以上の行列のノルムを用いて，**条件数**（condition number）$\mathrm{cond}(\boldsymbol{A})$ がつぎのように定義される。

$$\mathrm{cond}(\boldsymbol{A}) = \|\boldsymbol{A}\|\|\boldsymbol{A}^{-1}\| \tag{2.9}$$

つまり，$\boldsymbol{A}$ とその逆行列 $\boldsymbol{A}^{-1}$ のそれぞれのノルムの積である。行列のノルムには

$$\|\boldsymbol{PQ}\| \leqq \|\boldsymbol{P}\|\|\boldsymbol{Q}\| \tag{2.10}$$

なる性質があり，$\boldsymbol{AA}^{-1} = \boldsymbol{I}$ で，単位行列 $\boldsymbol{I}$ のノルムは上記の定義より 1 であるので，式(2.9)で定義される行列の条件数はつねに 1 以上の値をとる。行列のノルムに $\|\boldsymbol{A}\|_2$ を用いた場合，条件数は $\boldsymbol{A}^T\boldsymbol{A}$ の最大固有値と最小固有値の比の平方根となる。$\|\boldsymbol{A}^{-1}\|$ の評価は困難であるが，$\boldsymbol{A}^T\boldsymbol{A}$ の固有値ならば扱いが可能である。さらに，一般の工学問題で現れる正値対称行列の場合にはより簡単に評価することができ，条件数は $\boldsymbol{A}$ の最大固有値と最小固有値の比となる[5)]。

条件数は連立 1 次方程式 $\boldsymbol{Ax} = \boldsymbol{b}$ の係数行列または右辺ベクトルが微小に変化したとき，どの程度解が変動するかという指標を与えてくれる。また，この方程式の解法として 3.3 節で述べる反復法を用いた場合，収束の速さに関連する。条件数が大きい場合には**悪条件**（ill-conditioned）であるといい，精度よく解くのが難しいといえる。条件数が大きいということは，正値対称行列の場合には，固有値の存在範囲が広いということに等しい。そこで，固有値の存在範囲をせばめるような前処理をしたあとに解くのが前処理付き反復法であり，これは 3.3 節で述べる。

2.2 固有値と固有ベクトル

2.2.1 固有値・固有ベクトルの性質

n 行 n 列の正方行列 $\boldsymbol{A}$ について

$$\boldsymbol{A}\boldsymbol{x} = \lambda \boldsymbol{x} \tag{2.11}$$

を満たす解 $\boldsymbol{x}$ を考える。当然ながら $\boldsymbol{x} = \boldsymbol{0}$ は解の一つであるが，いま，$\boldsymbol{x} \neq \boldsymbol{0}$ なる解があるかどうかを考える。上式を変形すると

$$(\lambda \boldsymbol{I} - \boldsymbol{A})\boldsymbol{x} = \boldsymbol{0} \tag{2.12}$$

となる。ここに $\boldsymbol{I}$ は n 行 n 列の単位行列である。式(2.12)の係数行列（$\lambda \boldsymbol{I} - \boldsymbol{A}$）が逆行列をもつならば，式(2.12)を満たす解は $\boldsymbol{x} = \boldsymbol{0}$ と決まってしまう。$\boldsymbol{x} \neq \boldsymbol{0}$ なる解があるとすれば，（$\lambda \boldsymbol{I} - \boldsymbol{A}$）が逆行列をもたない，すなわち行列式が零でなければならない。

$$\det(\lambda \boldsymbol{I} - \boldsymbol{A}) = |\,\lambda \boldsymbol{I} - \boldsymbol{A}\,| = 0 \tag{2.13}$$

式(2.13)の解法はあとに詳しく述べるとして，ここでは，固有値と固有ベクトルの性質や工学問題における役割について概観する。

式(2.13)は

$$\begin{vmatrix} \lambda - a_{11} & -a_{12} & -a_{13} & \cdots & -a_{1n} \\ -a_{21} & \lambda - a_{22} & -a_{23} & \cdots & -a_{2n} \\ -a_{31} & -a_{32} & \lambda - a_{33} & \cdots & -a_{3n} \\ \cdots & \cdots & \cdots & \cdots & \cdots \\ -a_{n1} & -a_{n2} & -a_{n3} & \cdots & \lambda - a_{nn} \end{vmatrix} = 0 \tag{2.14}$$

の形をしており，これを展開すれば

$$\lambda^n + c_1\lambda^{n-1} + \cdots + c_{n-1}\lambda + c_n = 0 \tag{2.15}$$

となり，左辺は λ に関する n 次の多項式となる。これを固有多項式といい，式(2.14)あるいは式(2.15)を固有方程式（あるいは特性方程式）という。固有方程式を解くことにより，重解を重複して数えれば n 個の λ が求められる。

これを小さい順に λ_1，λ_2，λ_3，…，λ_n とする。つまり，式(2.15)は

$$(\lambda-\lambda_1)(\lambda-\lambda_2)(\lambda-\lambda_3)\cdots(\lambda-\lambda_n)=0 \tag{2.16}$$

のように因数分解できる。このことから，式(2.15)の係数のうち $c_1=-\operatorname{tr}\boldsymbol{A}$（トレースは2.1節参照），$c_n=(-\lambda_1)(-\lambda_2)\cdots(-\lambda_n)=\prod_{i=1}^{n}(-\lambda_i)$ はすぐわかる。それぞれの λ_i について $\boldsymbol{A}\boldsymbol{x}=\lambda_i\boldsymbol{x}$ が成り立ち，これを満たす $\boldsymbol{x}_i\neq\boldsymbol{0}$ なる解が求まる。つまり，$(\lambda_i,\ \boldsymbol{x}_i)$ なる特別な組が決まる。この λ_i を固有値といい，これに対応した $\boldsymbol{x}_i$ を固有ベクトルという。工学の諸問題では，i 次の固有値（分野によっては固有振動数），i 次の固有ベクトル（固有振動モード）と呼ばれ，建築物の耐震設計や自動車の騒音問題[6]の検討など幅広く用いられている。これらは，行列 $\boldsymbol{A}$ が与えられたときに決まるものであり，行列 $\boldsymbol{A}$ に固有の特徴を表す指標の一つになっている。

式(2.11)はつぎのような解釈ができる。任意のベクトル $\boldsymbol{p}$ に行列 $\boldsymbol{A}$ を乗じれば，$\boldsymbol{A}\boldsymbol{p}=\boldsymbol{q}$ のように一般には $\boldsymbol{q}\neq\alpha\boldsymbol{p}$（$\alpha$ は定数）なるベクトルになる。これは，ベクトル $\boldsymbol{p}$ に行列 $\boldsymbol{A}$ で表される変換の操作を施せば，ベクトル $\boldsymbol{q}$ になる，という意味でもある。ところが，行列 $\boldsymbol{A}$ には特別なベクトル（固有ベクトル）$\boldsymbol{x}_i$ があり，この特別なベクトルは変換 $\boldsymbol{A}$ によっても向きは変わらず，大きさが λ_i 倍になるのである。この性質は，例えば連続体力学や材料力学で学ぶ主応力[7),8)]の理解に役立つものである。

また，機械の設計や，建築物や橋梁の設計などにおいても固有値は重要な役割を果たす。すなわち，振動問題では固有値と固有ベクトルを求めることが重要であり，これを参照して共振を防ぐように設計を行ったり，振動を早く減衰させるような設計などが行われるのである。工学の諸問題で現れる行列は，正値対称行列であることが多い。正値行列については2.1節で述べた。この場合には，固有値は実数となり，固有ベクトルは実ベクトルとなる。固有ベクトルはたがいに1次独立である。つまり，$\boldsymbol{x}_i=\sum_{j\neq i}c_j\boldsymbol{x}_j$ を満たすような c_j は存在しない。また，固有ベクトルはたがいに直交する。これは以下により証明される。ある二つの固有値と固有ベクトルの組，$(\lambda_i,\ \boldsymbol{x}_i)$ と $(\lambda_j,\ \boldsymbol{x}_j)(i\neq j)$ を考え

ると

$$\boldsymbol{A}\boldsymbol{x}_i = \lambda_i \boldsymbol{x}_i \tag{2.17}$$

$$\boldsymbol{A}\boldsymbol{x}_j = \lambda_j \boldsymbol{x}_j \tag{2.18}$$

が成り立つ。式(2.17)の両辺に左から $\boldsymbol{x}_j{}^T$ を乗じ，式(2.18)の両辺に左から $\boldsymbol{x}_i{}^T$ を乗じれば

$$\boldsymbol{x}_j{}^T\boldsymbol{A}\boldsymbol{x}_i = \lambda_i \boldsymbol{x}_j{}^T\boldsymbol{x}_i \tag{2.19}$$

$$\boldsymbol{x}_i{}^T\boldsymbol{A}\boldsymbol{x}_j = \lambda_j \boldsymbol{x}_i{}^T\boldsymbol{x}_j \tag{2.20}$$

となる。ここで，$\boldsymbol{x}_j{}^T\boldsymbol{x}_i = \boldsymbol{x}_i{}^T\boldsymbol{x}_j$ である。また，行列 $\boldsymbol{A}$ の対称性から $\boldsymbol{A}^T = \boldsymbol{A}$ であるので

$$\begin{aligned} \boldsymbol{x}_j{}^T\boldsymbol{A}\boldsymbol{x}_i &= \boldsymbol{x}_j{}^T\boldsymbol{A}^T\boldsymbol{x}_i \\ &= (\boldsymbol{A}\boldsymbol{x}_j)^T\boldsymbol{x}_i \\ &= \boldsymbol{x}_i{}^T(\boldsymbol{A}\boldsymbol{x}_j) \end{aligned}$$

である。そこで，式(2.19)と式(2.20)の差をとれば

$$(\lambda_i - \lambda_j)\boldsymbol{x}_i{}^T\boldsymbol{x}_j = 0 \tag{2.21}$$

となり，$\lambda_i \neq \lambda_j$ であるので，$\boldsymbol{x}_i{}^T\boldsymbol{x}_j = 0$（内積が零），すなわち，**直交性**（orthogonality）が証明できた。

固有ベクトル $\boldsymbol{x}_i$ はその大きさ（ユークリッド・ノルム）を1にしておくと便利である。また，その直交性や1次独立性について述べたが，このことから，固有ベクトルの組は正規直交基底となりうる。よって，任意のベクトルを固有ベクトルの組を用いて表すことができる。この性質はあとに述べる固有値の数値解析法において利用される。

つぎに，対称行列 $\boldsymbol{A}$ の対角化について述べる。行列 $\boldsymbol{A}$ の固有値と固有ベクトルを $(\lambda_i,\ \boldsymbol{x}_i)$ とする。このとき，固有ベクトルを並べた

$$\boldsymbol{P} = [\boldsymbol{x}_1\ \boldsymbol{x}_2\ \boldsymbol{x}_3\ \cdots\ \boldsymbol{x}_n] \tag{2.22}$$

なる行列 $\boldsymbol{P}$ を作る。これを用いて，$\boldsymbol{P}^{-1}\boldsymbol{A}\boldsymbol{P}$ を計算すると，固有値を対角成分とする対角行列となる。

$$\boldsymbol{P}^{-1}\boldsymbol{AP} = \boldsymbol{D} = \begin{bmatrix} \lambda_1 & & & & \boldsymbol{0} \\ & \lambda_2 & & & \\ & & \lambda_3 & & \\ & & & \ddots & \\ \boldsymbol{0} & & & & \lambda_n \end{bmatrix} \tag{2.23}$$

おのおのの固有ベクトルの大きさを1となるように選べば，$\boldsymbol{P}$ は $\boldsymbol{P}^{-1} = \boldsymbol{P}^T$ なる性質を有する直交行列となる。対称行列は直交行列 $\boldsymbol{P}$ により $\boldsymbol{P}^{-1}\boldsymbol{AP} = \boldsymbol{P}^T\boldsymbol{AP}$ の変換を行えば必ず対角化できる。この性質は工学の種々の問題で現れる主軸問題などにおいて利用される。連続体力学では，例えば変形勾配テンソルの極分解を具体的に計算するのに用いられ，変形の伸び成分と回転成分の分離を行うときなどにも用いられる[7)]。

さて，式(2.13)あるいは式(2.14)の固有方程式を解き，固有値を求める方法について述べる。これには，大別すると，① 多項式の係数を求めて高次方程式を解く方法，② ベクトル反復法，③ 行列変換法，の 3 種類がある[9),10)]。①は，固有多項式の係数 c_i を求め，式(2.22)の高次方程式を**ニュートン-ラフソン法**（Newton-Raphson）などで解く方法である。係数を求める手法としてダニレフスキーの方法などが知られている[10),11)]。② と ③ についてはそれぞれ次項以降に述べる。② の代表的な方法として，べき乗法，逆反復法と大次元の問題に適用されるサブスペース法について述べる。また，③ の代表的な方法として，**ヤコビ**（Jacobi）**法**と大次元の問題に適用される**ハウスホルダー**（Householder）**法**と二分法の併用解法について述べる。このほかにも，QR 法や，高速解法として知られる**ランチョス**（Ranczos）**法**などがあるが，これらについては文献[9),12)~17)]を参照されたい。

なお，式(2.11)に示した式は，標準形と呼ばれる。例えば，機械の振動の問題などで現れるニュートンの運動方程式は，最終的に有限要素法などの手法を用いれば

$$\boldsymbol{M\ddot{u}} + \boldsymbol{Ku} = \boldsymbol{f} \tag{2.24}$$

なる行列とベクトルを用いた式に帰着する[9),10),12)]。ここに，$\boldsymbol{M}$ は**質量行列**（mass matrix），$\boldsymbol{K}$ は**剛性行列**（stiffness matrix）と呼ばれ，$\boldsymbol{u}$，$\ddot{\boldsymbol{u}}$ はそれぞれ変位ベクトル，加速度ベクトル，$\boldsymbol{f}$ は外力ベクトルである。式(2.24)を時刻に関して解く問題は，（一般的な）振動問題あるいは過渡応答問題と呼ばれる。これに対し，$\boldsymbol{f} = \boldsymbol{0}$ なる同次方程式（あるいは斉次方程式）

$$\boldsymbol{M}\ddot{\boldsymbol{u}} + \boldsymbol{K}\boldsymbol{u} = \boldsymbol{0} \tag{2.25}$$

を考え，この解を

$$\boldsymbol{u} = \boldsymbol{x}\cos(\omega t - \phi) \tag{2.26}$$

なる形で仮定する。式(2.26)を式(2.25)に代入して整理した結果，いかなる時刻においても式が成り立つための条件から

$$\boldsymbol{K}\boldsymbol{x} = \omega^2\boldsymbol{M}\boldsymbol{x} \tag{2.27}$$

を得る。この両辺に左から $\boldsymbol{M}^{-1}$ を乗じれば

$$\boldsymbol{M}^{-1}\boldsymbol{K}\boldsymbol{x} = \omega^2\boldsymbol{x} \tag{2.28}$$

となり，式(2.11)の標準形を得る。これを解く問題が固有値問題である。つまり，外力が加わったときの挙動ではなく，振動系そのものが固有に有する特性を求めるのが固有値問題である。振動解析と固有値解析はしばしば混同されることがあるが，固有値解析で解いているのは自由振動に対応する。

2.2.2 ベクトル反復法

1） べ き 乗 法

べき乗法（power iteration method）は，行列の最大固有値を求めるために用いられる，基本的な反復法の一つである。n 行 n 列の行列 $\boldsymbol{A}$ の固有値と固有ベクトルを$(\lambda_i,\ \boldsymbol{x}_i)$とし，$|\lambda_1| < |\lambda_2| < \cdots < |\lambda_n|$ と並べてあるとする。固有ベクトルの組が正規直交基底となることから，任意のベクトル $\boldsymbol{u}$ は

$$\boldsymbol{u} = c_1\boldsymbol{x}_1 + c_2\boldsymbol{x}_2 + \cdots + c_n\boldsymbol{x}_n \tag{2.29}$$

と表せる。この両辺に $\boldsymbol{A}$ を乗じると

$$\begin{aligned}\boldsymbol{A}\boldsymbol{u} &= c_1\boldsymbol{A}\boldsymbol{x}_1 + c_2\boldsymbol{A}\boldsymbol{x}_2 + \cdots + c_n\boldsymbol{A}\boldsymbol{x}_n \\ &= c_1\lambda_1\boldsymbol{x}_1 + c_2\lambda_2\boldsymbol{x}_2 + \cdots + c_n\lambda_n\boldsymbol{x}_n\end{aligned} \tag{2.30}$$

となる。この作業を繰り返し行い，k 回 $\boldsymbol{A}$ を乗じると

$$\begin{aligned}\boldsymbol{A}^k\boldsymbol{u} &= c_1\lambda_1{}^k\boldsymbol{x}_1 + c_2\lambda_2{}^k\boldsymbol{x}_2 + \cdots + c_n\lambda_n{}^k\boldsymbol{x}_n \\ &= \lambda_n{}^k\left\{c_1\left(\frac{\lambda_1}{\lambda_n}\right)^k\boldsymbol{x}_1 + c_2\left(\frac{\lambda_2}{\lambda_n}\right)^k\boldsymbol{x}_2 + \cdots + c_n\boldsymbol{x}_n\right\} \qquad (2.31)\end{aligned}$$

となる。つまり，k を大きくしていくと，λ_n が最大固有値であることから，式(2.31)の｛ ｝内は $\boldsymbol{x}_n$ の項以外は零に近付き，$\boldsymbol{A}^k\boldsymbol{u}$ は $\lambda_n{}^k c_n\boldsymbol{x}_n$ に近付く。したがって，$\boldsymbol{A}^{k+1}\boldsymbol{u}$ と $\boldsymbol{A}^k\boldsymbol{u}$ のベクトルの各行の比は最大固有値 λ_n に近付くことになる。この原理を使ったのがべき乗法である。計算手順としては以下のようなものが考えられる。

（1） 最大成分が 1 であるような列ベクトル $\boldsymbol{x}^{(0)}$ を選ぶ。例えば，$\boldsymbol{x}^{(0)} = \{1\ 0\ 0\}^T$ などである。

（2） $\boldsymbol{y}^{(k)} = \boldsymbol{A}\boldsymbol{x}^{(k-1)} (k = 1,\ 2,\ \cdots)$ を計算する。

（3） $\boldsymbol{x}^{(k)} = \dfrac{\boldsymbol{y}^{(k)}}{\max\limits_i y_i{}^{(k)}}$ を計算する（$\mu^{(k)} = \max\limits_i y_i{}^{(k)}$ と保存しておく）。

（4） $\dfrac{|\boldsymbol{x}^{(k)} - \boldsymbol{x}^{(k-1)}|}{|\boldsymbol{x}^{(k)}|} < \varepsilon$ により収束判定する。十分に収束していない場合は手順(2)～(4)を繰り返す。

この結果，$\mu^{(k)}$ は最大固有値 λ_n に収束する。また，$\boldsymbol{x}^{(k)}$ が最大固有値に対応する固有ベクトルに収束することも理解できよう。このほかにも，いくつかの手順が考えられよう。例えば，手順(3)ではノルムが 1 となるように正規化するなどの案が考えられる。

べき乗法の収束特性は，式(2.31)の各固有値と最大固有値の比に依存していることがわかる。とりわけ，$(\lambda_{n-1}/\lambda_n)$ が 1 に比べて十分に小さければ速い収束を得ることになる。このことを利用して，収束を速くするために原点移動などの方法が提案されている[12),17)]。

2） 逆 反 復 法

逆反復法（inverse iteration method）は，行列の最小固有値を求めるために用いられる方法の一つである。例えば振動問題では，最小固有値に対応した

最低次の振動モードは周期が長く振幅が大きく，なかなか減衰しないという性質から問題になる。逆に，高次の振動（高周波の振動）は，騒音などの問題などの検討に重要になることもある。工学における設計や評価においては，n 個の固有値のすべてを計算するのではなく，場合に応じて，必要な固有値だけを短時間に計算することが重要になる。逆反復法は以下の手順をとるが，べき乗法の拡張として容易に理解できよう。

正則対称行列 $\boldsymbol{A}$ の場合に，式(2.11)の両辺に $\boldsymbol{A}^{-1}$ を乗じて変形すれば

$$\boldsymbol{A}^{-1}\boldsymbol{x} = \frac{1}{\lambda}\boldsymbol{x} \tag{2.32}$$

となる。つまり，$\boldsymbol{A}$ の逆行列 $\boldsymbol{A}^{-1}$ の固有値は（$1/\lambda$），すなわちもとの行列 $\boldsymbol{A}$ の固有値の逆数となる。したがって，$\boldsymbol{A}^{-1}$ の最大固有値を前述のべき乗法で求めてやれば，その逆数が $\boldsymbol{A}$ の最小固有値となる。じつは，$\boldsymbol{A}^m$ の固有値は $\lambda_i{}^m (i = 1, \cdots, n)$ であるという性質があり，このことからも上記は理解されよう。

このため，適当な $\boldsymbol{x}^{(0)}$ を初期値として

$$\boldsymbol{x}^{(1)} = \boldsymbol{A}^{-1}\boldsymbol{x}^{(0)},\ \boldsymbol{x}^{(2)} = \boldsymbol{A}^{-1}\boldsymbol{x}^{(1)},\ \cdots,\ \boldsymbol{x}^{(k+1)} = \boldsymbol{A}^{-1}\boldsymbol{x}^{(k)} \tag{2.33}$$

を計算すればよい。逆行列を計算するかわりに

$$\boldsymbol{A}\boldsymbol{x}^{(1)} = \boldsymbol{x}^{(0)},\ \boldsymbol{A}\boldsymbol{x}^{(2)} = \boldsymbol{x}^{(1)},\ \cdots,\ \boldsymbol{A}\boldsymbol{x}^{(k+1)} = \boldsymbol{x}^{(k)} \tag{2.34}$$

なる連立方程式を解けばよい。連立方程式の解法については3章を参照されたい。例えば3.2.2項で述べる三角分解を用いる方法を採用した場合，連立方程式の求解に最も計算時間を要する三角分解は一度だけ行えばよく，式(2.34)の逐次的な計算は簡単な代入計算だけで進めることができる。この方法を逆反復法という。

3） サブスペース法

べき乗法は最大固有値を求めるのに，また逆反復法は最小固有値を求めるのに用いられるが，いずれもその適用範囲は次元数の少ない小規模問題に限られるのが実状である。工学上，必要でありかつ計算が困難な大規模な固有値問題の解析にしばしば用いられる手法に**サブスペース法**（subspace method）があ

る。サブスペース法は逆反復法の拡張といえる。サブスペース法は，大次元の問題に対して n 個の固有値のごく一部の固有値を求めるのに使われる。サブスペース法という名前もこのことに由来している[12]。

ここでは，最小固有値から $p(p \ll n)$ 個の固有値を求めることを考えてみる。p 個の固有ベクトルを $\boldsymbol{x}_1$，$\boldsymbol{x}_2$，…，$\boldsymbol{x}_p$ とし，これを列ベクトルにもつ行列を

$$\boldsymbol{X} = [\boldsymbol{x}_1\ \boldsymbol{x}_2\ \cdots\ \boldsymbol{x}_p] \tag{2.35}$$

と定義する。$\boldsymbol{X}$ は n 行 p 列の行列となる。このとき，式(2.11)より

$$\boldsymbol{A}\boldsymbol{X} = \boldsymbol{X}\boldsymbol{\Lambda} \tag{2.36}$$

ただし

$$\boldsymbol{\Lambda} = \begin{bmatrix} \lambda_1 & & & \boldsymbol{0} \\ & \lambda_2 & & \\ & & \ddots & \\ \boldsymbol{0} & & & \lambda_p \end{bmatrix} \tag{2.37}$$

が成り立つ。$\boldsymbol{\Lambda}$ は p 行 p 列の行列である。

基本的に逆反復法の拡張と述べたとおり，初期ベクトルの組 $\boldsymbol{X}^{(0)} = [\boldsymbol{x}_1{}^{(0)}\ \boldsymbol{x}_2{}^{(0)}\ \cdots\ \boldsymbol{x}_p{}^{(0)}]$ に順次 $\boldsymbol{A}^{-1}$ を乗じる。

$$\boldsymbol{X}^{(k)} = \boldsymbol{A}^{-1}\boldsymbol{X}^{(k-1)} \tag{2.38}$$

ここで，$\boldsymbol{X}^{(k)}$ を適切な方法で直交化し，$(\boldsymbol{X}^{(k)})^T\boldsymbol{X}^{(k)} = \boldsymbol{I}$ が成り立つようにする。直交化された直交行列 $\boldsymbol{X}^{(k)}$ を用いて，p 行 p 列の行列 $\boldsymbol{C}^{(k)}$ を

$$\boldsymbol{C}^{(k)} = (\boldsymbol{X}^{(k)})^T\boldsymbol{A}\boldsymbol{X}^{(k)} \tag{2.39}$$

により作り，その固有値 $\boldsymbol{\Lambda}^{(k)}$ と固有ベクトルの組（これを p 行 p 列の行列 $\boldsymbol{Q}^{(k)}$ とする）を求める。すなわち，式(2.36)より

$$\boldsymbol{C}^{(k)}\boldsymbol{Q}^{(k)} = \boldsymbol{Q}^{(k)}\boldsymbol{\Lambda}^{(k)} \tag{2.40}$$

である。繰り返し計算のたびに $\boldsymbol{C}^{(k)}$ の固有値と固有ベクトルを求めるのは奇異に感じるであろうが，$p \ll n$ なる小さい問題を解くのは容易である。さらに

$$\hat{\boldsymbol{X}}^{(k)} = \boldsymbol{X}^{(k)}\boldsymbol{Q}^{(k)} \tag{2.41}$$

として，この $\hat{\boldsymbol{X}}^{(k)}$ を新たに式(2.38)の右辺に代入して，つぎの段階の計算に移る。式(2.39)の小さな固有値問題を解いて得られる $\boldsymbol{Q}^{(k)}$ を用い，式(2.41)により固有ベクトルの近似解を新しい方向に回転させることにより，収束が加速されている。なお，上述の $\boldsymbol{X}^{(k)}$ の直交化の方法には，**グラム-シュミット(Gram-Schmidt) の直交化**がある。これは，n 個の1次独立なベクトル $\boldsymbol{x}_i$ が与えられたとき

$$\boldsymbol{y}_1 = \frac{\boldsymbol{x}_1}{|\boldsymbol{x}_1|}, \quad \boldsymbol{y}_i = \frac{\boldsymbol{x}_i - \left(\sum_{j=1}^{i-1} \boldsymbol{x}_i{}^T \boldsymbol{y}_j\right)\boldsymbol{y}_1}{\left|\boldsymbol{x}_i - \left(\sum_{j=1}^{i-1} \boldsymbol{x}_i{}^T \boldsymbol{y}_j\right)\boldsymbol{y}_1\right|} \qquad (i = 2, \ \cdots, \ n) \qquad (2.42)$$

により，直交基底ベクトル $\boldsymbol{y}_i$ を作るものである。

2.2.3 行 列 変 換 法

1） ヤ コ ビ 法

ヤコビ法は，対称行列 $\boldsymbol{A}$ に対して回転行列 $\boldsymbol{R}$ による直交変換を繰り返し行うことにより，行列を対角行列に変換することで，全固有値を計算する方法である。すなわち

$$\boldsymbol{A}^{(k+1)} = (\boldsymbol{R}^{(k)})^T \boldsymbol{A}^{(k)} \boldsymbol{R}^{(k)}, \quad \boldsymbol{A}^{(1)} = \boldsymbol{A} \qquad (2.43)$$

である。書き換えれば，$\boldsymbol{P} = \boldsymbol{R}^{(k)} \cdots \boldsymbol{R}^{(2)} \boldsymbol{R}^{(1)}$ により $\boldsymbol{P}^T \boldsymbol{A} \boldsymbol{P}$ を対角行列とするということである。行列の対角化については2.1節で述べたとおりであり，ヤコビ法は全固有値を計算するための原理を理解するには役立つが，実際には次元数が小さい場合にしか使われない。なお，回転行列 $\boldsymbol{R}$ の求め方などの詳細については文献[12),16),17)]を参照されたい。

2） ハウスホルダー法

ハウスホルダー法によれば，対称行列 $\boldsymbol{A}$ を適当な直交行列 $\boldsymbol{Q}(\boldsymbol{Q}^T\boldsymbol{Q} = \boldsymbol{I})$ を用いて三重対角行列に変換することができる。この後，二分法を適用して固有値を得ることができる。

この手法の説明をするため，まず，鏡像変換について述べる。ベクトル $\boldsymbol{x}$，$\boldsymbol{y}$ について

$$\boldsymbol{u} = \frac{\boldsymbol{x} - \boldsymbol{y}}{|\boldsymbol{x} - \boldsymbol{y}|} \tag{2.44}$$

を作り

$$\boldsymbol{Q} = \boldsymbol{I} - 2\boldsymbol{u}\boldsymbol{u}^T \tag{2.45}$$

としたとき，$\boldsymbol{Q}$ は対称直交行列となり

$$\boldsymbol{y} = \boldsymbol{Q}\boldsymbol{x} \tag{2.46}$$

と $\boldsymbol{x}$ は，$\boldsymbol{u}$ を単位法線ベクトルとする平面に対して面対称の位置関係となる。これを鏡像変換という。確かに，式(2.44)で定義される $\boldsymbol{u}(|\boldsymbol{u}| = \boldsymbol{u}^T\boldsymbol{u} = 1)$ とそれに垂直なベクトル $\boldsymbol{v}(\boldsymbol{u}^T\boldsymbol{v} = 0)$ を考えると

$$\begin{aligned}\boldsymbol{Q}\boldsymbol{u} &= (\boldsymbol{I} - 2\boldsymbol{u}\boldsymbol{u}^T)\boldsymbol{u} \\ &= \boldsymbol{u} - 2\boldsymbol{u} = -\boldsymbol{u}\end{aligned} \tag{2.47}$$

$$\begin{aligned}\boldsymbol{Q}\boldsymbol{v} &= (\boldsymbol{I} - 2\boldsymbol{u}\boldsymbol{u}^T)\boldsymbol{v} \\ &= \boldsymbol{v}\end{aligned} \tag{2.48}$$

となるので，$\boldsymbol{u}$ を単位法線ベクトルとする平面を考えると，$\boldsymbol{Q}$ は $\boldsymbol{u}$ に対して平面の反対方向に鏡像を作り，平面上にある $\boldsymbol{v}$ には作用を及ぼさない。

鏡像変換によれば，任意の行列を**上ヘッセンベルグ**（Hessenberg）**行列**に変換することができる。上ヘッセンベルグ行列は図 2.1 に示したものである。例えば，対称行列として

$$\boldsymbol{A} = \begin{bmatrix} a_{11} & a_{21} & \cdots & a_{k1} & \cdots & a_{n1} \\ a_{21} & a_{22} & \cdots & a_{k2} & \cdots & a_{n2} \\ \cdots & \cdots & \cdots & \cdots & \cdots & \cdots \\ a_{k1} & a_{k2} & \cdots & a_{kk} & \cdots & a_{nk} \\ \cdots & \cdots & \cdots & \cdots & \cdots & \cdots \\ a_{n1} & a_{n2} & \cdots & a_{nk} & \cdots & a_{nn} \end{bmatrix} \tag{2.49}$$

について，鏡像変換により $\boldsymbol{A}$ の第 1 列の 3 行目から下の成分を零にすることを考える。変換前の行列 $\boldsymbol{A}$ の第 1 列を $\boldsymbol{x}$，変換後の行列 $\boldsymbol{B}$ の第 1 列を $\boldsymbol{y}$ とし

$$\boldsymbol{x} = \begin{Bmatrix} a_{11} \\ a_{21} \\ a_{31} \\ \vdots \\ a_{n1} \end{Bmatrix}, \quad \boldsymbol{y} = \begin{Bmatrix} a_{11} \\ -s \\ 0 \\ \vdots \\ 0 \end{Bmatrix} \tag{2.50}$$

とする。式(2.44)に適用すれば

$$\boldsymbol{u} = \frac{1}{|\boldsymbol{x} - \boldsymbol{y}|} \begin{Bmatrix} 0 \\ a_{21} + s \\ a_{31} \\ \vdots \\ a_{n1} \end{Bmatrix} \tag{2.51}$$

ここで

$$|\boldsymbol{x} - \boldsymbol{y}| = \sqrt{(a_{21} + s)^2 + a_{31}{}^2 + \cdots + a_{n1}{}^2} \tag{2.52}$$

である。したがって，式(2.45)より

$$\boldsymbol{Q} = \begin{bmatrix} 1 & 0 & \cdots & 0 \\ 0 & 1 - 2u_2{}^2 & \cdots & -2u_2u_n \\ \cdots & \cdots & \cdots & \cdots \\ 0 & -2u_nu_2 & \cdots & 1 - 2u_n{}^2 \end{bmatrix} \tag{2.53}$$

を得る。

これより式(2.46)を計算すれば確かに式(2.50)の $\boldsymbol{y}$ となる。$\boldsymbol{Q}$ は対称直交行列となっており，これを行列 $\boldsymbol{A}$ に適用すればつぎのような結果を得ることができる。

$$
\boldsymbol{B} = \boldsymbol{Q}^T \boldsymbol{A} \boldsymbol{Q} = \boldsymbol{Q}\boldsymbol{A}\boldsymbol{Q} = \begin{bmatrix} a_{11} & -s & 0 & \cdots & 0 & \cdots & 0 \\ -s & a'_{22} & a'_{32} & \cdots & a'_{k2} & \cdots & a'_{n2} \\ 0 & a'_{32} & a'_{33} & \cdots & a'_{k3} & \cdots & a'_{n3} \\ \cdots & \cdots & \cdots & \cdots & \cdots & \cdots & \cdots \\ 0 & a'_{k2} & a'_{k3} & \cdots & a'_{kk} & \cdots & a'_{nk} \\ \cdots & \cdots & \cdots & \cdots & \cdots & \cdots & \cdots \\ 0 & a'_{n2} & a'_{n3} & \cdots & a'_{nk} & \cdots & a'_{nn} \end{bmatrix} \quad (2.54)
$$

すなわち，第1列目について第3行目から第 n 行目までの成分を消去することができた。そこで，つぎの段階では第2列目について第4行目から第 n 行目までの成分を消去することを考える。このためには，式(2.54)の行列 $\boldsymbol{B}$ の第1行目と第1列目を除いた行列を新たに

$$
\boldsymbol{A} = \begin{bmatrix} a'_{22} & a'_{32} & \cdots & a'_{k2} & \cdots & a'_{n2} \\ a'_{32} & a'_{33} & \cdots & a'_{k3} & \cdots & a'_{n3} \\ \cdots & \cdots & \cdots & \cdots & \cdots & \cdots \\ a'_{k2} & a'_{k3} & \cdots & a'_{kk} & \cdots & a'_{nk} \\ \cdots & \cdots & \cdots & \cdots & \cdots & \cdots \\ a'_{n2} & a'_{n3} & \cdots & a'_{nk} & \cdots & a'_{nn} \end{bmatrix} \quad (2.55)
$$

とし，これに上記と同様の操作を適用すればよい。これを $n-2$ 回繰り返し，第1列から第（$n-2$）列までに操作を施せば，三重対角行列を得ることができる。このような変換によっても固有値は変化しない。もとの行列に対して固有値を直接求めようとすると膨大な演算量が必要となるが，変換後の行列の固有値を求めるのは比較的に楽である。

なお，式(2.50)などで設定した s として，例えば

$$
s^2 = \sum_{k=i+1}^{n} {a'_{ki}}^2 \quad (2.56)
$$

のようにとり，かつ，桁落ちによる計算精度の低下を防ぐために a'_{i+1i} の符号と s の符号を同じとなるようにする方法がとられている[17)]。

3） 二 分 法

ハウスホルダー法により得られた三重対角行列を

$$\boldsymbol{B} = \begin{bmatrix} b_{11} & b_{21} & \cdots & 0 & 0 \\ b_{21} & b_{22} & \cdots & 0 & 0 \\ \cdots & \cdots & \cdots & \cdots & \cdots \\ 0 & 0 & \cdots & b_{n-1n-1} & b_{nn-1} \\ 0 & 0 & \cdots & b_{nn-1} & b_{nn} \end{bmatrix} \tag{2.57}$$

とする。この行列の（1，1）成分から $(k,\ k)$ 成分よりなる小行列の固有方程式を考える。

$$\phi_k(\lambda) = |\lambda \boldsymbol{I} - \boldsymbol{B}| = \begin{vmatrix} \lambda - b_{11} & -b_{21} & \cdots & 0 & 0 \\ -b_{21} & \lambda - b_{22} & \cdots & 0 & 0 \\ \cdots & \cdots & \cdots & \cdots & \cdots \\ 0 & 0 & \cdots & \lambda - b_{k-1k-1} & -b_{kk-1} \\ 0 & 0 & \cdots & -b_{kk-1} & \lambda - b_{kk} \end{vmatrix} \tag{2.58}$$

この式を第 k 行について展開するとつぎの漸化式を得る。

$$\phi_k(\lambda) = (\lambda - b_{kk})\phi_{k-1}(\lambda) - b_{kk-1}{}^2\phi_{k-2}(\lambda) \tag{2.59}$$

ここで，つぎの多項式の列を考える。

$$\phi_n(\lambda),\ \phi_{n-1}(\lambda),\ \cdots,\ \phi_1(\lambda),\quad \phi_0(\lambda) \equiv 1 \tag{2.60}$$

$\phi_n(\lambda)$ から $\phi_{n-1}(\lambda)$，…，$\phi_0(\lambda)$ へと符号の変化を見たとき，符号変化の回数を $N(\lambda)$ と定義する。

いま，行列 $\boldsymbol{A}$ の固有値を大きいものから順に並べたとする（2.2.1項，2.2.2項では小さいものから順に並べていたので注意）。このとき，ある固有値より大きい固有値の個数は $N(\lambda)$ となることが**スツルム**（Sturm）**の定理**よりわかっている。これを利用するのが**二分法**（bisection method）である。その計算手順は以下のようにまとめられる。

（1） 求めたい固有値 λ_k を挟むように十分大きく区間 $[r,\ s]$ をとる。

（2） 区間 $[r,\ s]$ の中点 $t=(r+s)/2$ をとる。

（3） $N(t) \geqq k$ ならば探索区間を $[t,\ s]$ と狭め，逆に $N(t) < k$ ならば探索区間を $[r,\ t]$ と狭める。

（4） （3）で更新した新たな区間幅がある閾値よりも小さくなれば t を λ_k として終了する。そうでなければ手順（2）に戻り計算を繰り返す。

具体的に簡単な例題[17)]により二分法の手順を説明する。

$$\boldsymbol{A}=\begin{bmatrix} 2 & 1 \\ 1 & 2 \end{bmatrix} \tag{2.61}$$

の最大固有値を求めることにする。なお，固有値は二つであり，最大固有値は上の手順において $k=1$ である。ただし，$r=2.5$，$s=3.3$ と与える。式(2.58)は具体的に

$$\phi_2(\lambda)=\begin{vmatrix} \lambda-2 & -1 \\ -1 & \lambda-2 \end{vmatrix}=(\lambda-2)^2-1 \tag{2.62}$$

$$\phi_1(\lambda)=\lambda-2 \tag{2.63}$$

$$\phi_0(\lambda)=1 \tag{2.64}$$

となる。ここで，$t=(r+s)/2=2.9$ であり，式(2.62)，(2.63)に代入すると，$\phi_2(2.9)=-0.19$，$\phi_1(2.9)=0.9$ である。これと式(2.64)より $N(t)=1 \geqq k=1$ であるので，最大固有値は区間 $[2.9,\ 3.3]$ にあることがわかる。

そこで，つぎの段階に移り，新たに $t'=(2.9+3.3)/2=3.1$ として，$\phi_2(3.1)=0.21$，$\phi_1(3.1)=1.1$ より，$N(t')=0<k$ とわかる。これより，最大固有値は区間 $[2.9,\ 3.1]$ にあることがわかる。これをつぎつぎに繰り返すと，区間は $[2.9,\ 3.0]$，$[2.95,\ 3.0]$，$[2.975,\ 3.0]$ となり，3.0 に近付いていくことがわかる。なお，式(2.61)の行列の最大固有値の正解は 3.0 である。

ハウスホルダー法と二分法を用いる方法は，大次元の行列の固有値解析法として実用的によく用いられている。

3

連立方程式の解法

3.1　直接法と反復法

本章では，物理現象を偏微分方程式で表現したとき，偏微分方程式を数値的に解く場合，最終的に解くべき連立1次方程式の解法について述べる。偏微分方程式の数値解法として，工学問題においては有限差分法や有限要素法などの手法が幅広い分野で多く用いられている。

解くべき n 元連立1次方程式（以下，単に連立方程式と称す）を

$$\boldsymbol{A}\boldsymbol{x} = \boldsymbol{b} \tag{3.1}$$

とする。実際の工学問題では大次元の方程式を解く必要が出てくるため，さまざまな方程式の解法がこれまでに提案されており，2.1節で述べたような行列の性質などを考えて，適切な解法を選択している。連立方程式の解法は，**直接法**（direct method）と**反復法**（iterative method）の2種類に大別され，それぞれの分類の中で多数の解法がある。代表的な解法について以下の節で紹介する。なお，直接法は，具体的な計算手順から消去法とも呼ばれる。

直接法を用いた場合，コンピュータによる丸め誤差が生じなければ有限回の演算を行うことにより正解が得られる。一方，反復法は，ある初期値から正解にたどり着くまで比較的単純な演算を何度も繰り返すものであるが，有限回の演算，すなわち有限回の反復数では正解にまで至らないことが多い。すなわち，ある誤差を許容したうえで近似解を求めることになる。このときの収束の

速さは問題により異なる。2.1節で紹介した係数行列の条件数 $\mathrm{cond}(\boldsymbol{A})$ は，反復法の収束の速さに関係しており，悪条件の係数行列の場合，正解にたどり着くには多くの反復回数を要することになる。また，収束の速さは係数行列の性質だけでなく，右辺ベクトルによっても変わる。したがって，直接法を用いた場合の計算時間は予測が可能であるが，反復法を用いた場合は問題により計算時間が異なり，予測が難しいという点では不便さがある。

計算時間とともに，数値解析において重要な点は計算に必要な記憶容量である。反復法は直接法と比べて少ない記憶容量で計算が可能である。これが反復法の最大の利点であり，工学における数値解析において反復法が多用されるゆえんである。詳細は以下に説明する。

工学の実問題で現れる大次元の連立1次方程式をある許容誤差の範囲内で解く場合，どの解法がよいかは，対象問題の性質と，上述した有限差分法や有限要素法といった偏微分方程式の数値解法などにより異なる。さらに，必要な記憶容量と計算時間，用いるコンピュータの種類も勘案しなければならず，必ずしも単純に断定することはできない。本書で述べるような種々の解法の特徴を知ったうえで，適切な判断をすることが望ましい。

3.2 直接法（消去法）

3.2.1 ガウス-ジョルダン法（掃出し法）

最も古典的な解法はガウス-ジョルダン法あるいは掃出し法と呼ばれる方法であろう。これは，式(3.1)の係数行列の非対角成分を消去し（すなわち零とし），対角行列にしてしまう。対角行列の逆行列は自明であることは2.1節で述べたとおりである。すなわち，式(3.1)を

$$\boldsymbol{D}\boldsymbol{x} = \boldsymbol{b}' \qquad (3.2)$$

に書き換え（$\boldsymbol{D}$ は対角行列），$\boldsymbol{x} = \boldsymbol{D}^{-1}\boldsymbol{b}'$ により解を求める方法である。さらに，対角行列を単位行列 $\boldsymbol{I}$ の形にまで誘導してやれば，行列の成分を消去する過程が終了した時点で解が求められていることになる。

式(3.1)を成分でつぎのように書き，消去の手順を述べる。

$$
\begin{bmatrix}
a_{11} & a_{12} & a_{13} & \cdots & \cdots & \cdots & a_{1n} \\
a_{21} & a_{22} & a_{23} & \cdots & \cdots & \cdots & a_{2n} \\
a_{31} & a_{32} & a_{33} & \cdots & \cdots & \cdots & a_{3n} \\
\cdots & \cdots & \cdots & \cdots & \cdots & \cdots & \cdots \\
a_{i1} & a_{i2} & a_{i3} & \cdots & \cdots & \cdots & a_{in} \\
\cdots & \cdots & \cdots & \cdots & \cdots & \cdots & \cdots \\
a_{n1} & a_{n2} & a_{n3} & \cdots & \cdots & \cdots & a_{nn}
\end{bmatrix}
\begin{Bmatrix} x_1 \\ x_2 \\ x_3 \\ \cdots \\ x_i \\ \cdots \\ x_n \end{Bmatrix}
=
\begin{Bmatrix} b_1 \\ b_2 \\ b_3 \\ \cdots \\ b_i \\ \cdots \\ b_n \end{Bmatrix}
\tag{3.3}
$$

まず，2行目以降のある i 行目から1行目を a_{i1}/a_{11} 倍したものをそれぞれ引くと，1列目の非対角項が消去できる（零にすることができる）。すなわち

$$
\begin{cases}
a_{ij}^{(1)} = a_{ij} - \dfrac{a_{i1}a_{1j}}{a_{11}} \\
b_i^{(1)} = b_i - \dfrac{a_{i1}b_1}{a_{11}}
\end{cases}
\qquad (i = 2,\ \cdots,\ n)
\tag{3.4}
$$

の演算により

$$
\begin{bmatrix}
a_{11}^{(1)} & a_{12}^{(1)} & a_{13}^{(1)} & \cdots & \cdots & \cdots & a_{1n}^{(1)} \\
0 & a_{22}^{(1)} & a_{23}^{(1)} & \cdots & \cdots & \cdots & a_{2n}^{(1)} \\
0 & a_{32}^{(1)} & a_{33}^{(1)} & \cdots & \cdots & \cdots & a_{3n}^{(1)} \\
\cdots & \cdots & \cdots & \cdots & \cdots & \cdots & \cdots \\
0 & a_{i2}^{(1)} & a_{i3}^{(1)} & \cdots & \cdots & \cdots & a_{in}^{(1)} \\
\cdots & \cdots & \cdots & \cdots & \cdots & \cdots & \cdots \\
0 & a_{n2}^{(1)} & a_{n3}^{(1)} & \cdots & \cdots & \cdots & a_{nn}^{(1)}
\end{bmatrix}
\begin{Bmatrix} x_1 \\ x_2 \\ x_3 \\ \cdots \\ x_i \\ \cdots \\ x_n \end{Bmatrix}
=
\begin{Bmatrix} b_1^{(1)} \\ b_2^{(1)} \\ b_3^{(1)} \\ \cdots \\ b_i^{(1)} \\ \cdots \\ b_n^{(1)} \end{Bmatrix}
\tag{3.5}
$$

と変形される。ここに上添え字は1回目の消去計算であることを示すものとする。ただし，あとの計算の便宜上，演算を施していない1行目にも同様に上添え字を付している。

次式のように2列目に $a_{i2}^{(1)}/a_{22}^{(1)}$ を乗じたものを各行から引くと，2列目の非対角項が消去できる。

$$\begin{cases} a_{ij}{}^{(2)} = a_{ij}{}^{(1)} - \dfrac{a_{i2}{}^{(1)} a_{2j}{}^{(1)}}{a_{22}{}^{(1)}} \\ b_i{}^{(2)} = b_i{}^{(1)} - \dfrac{a_{i2}{}^{(1)} b_2{}^{(1)}}{a_{22}{}^{(1)}} \end{cases} \quad (i \neq 2) \tag{3.6}$$

式(3.5)は

$$\begin{bmatrix} a_{11}{}^{(2)} & 0 & a_{13}{}^{(2)} & \cdots & \cdots & \cdots & a_{1n}{}^{(2)} \\ 0 & a_{22}{}^{(2)} & a_{23}{}^{(2)} & \cdots & \cdots & \cdots & a_{2n}{}^{(2)} \\ 0 & 0 & a_{33}{}^{(2)} & \cdots & \cdots & \cdots & a_{3n}{}^{(2)} \\ \cdots & \cdots & \cdots & \cdots & \cdots & \cdots & \cdots \\ 0 & 0 & a_{i3}{}^{(2)} & \cdots & \cdots & \cdots & a_{in}{}^{(2)} \\ \cdots & \cdots & \cdots & \cdots & \cdots & \cdots & \cdots \\ 0 & 0 & a_{n3}{}^{(2)} & \cdots & \cdots & \cdots & a_{nn}{}^{(2)} \end{bmatrix} \begin{Bmatrix} x_1 \\ x_2 \\ x_3 \\ \cdots \\ x_i \\ \cdots \\ x_n \end{Bmatrix} = \begin{Bmatrix} b_1{}^{(2)} \\ b_2{}^{(2)} \\ b_3{}^{(2)} \\ \cdots \\ b_i{}^{(2)} \\ \cdots \\ b_n{}^{(2)} \end{Bmatrix} \tag{3.7}$$

と変形される。2行目は演算を施していないが，上記のとおり便宜上，上添え字を書き換えている。この単純な演算を n 回繰り返すことにより，係数行列を対角化できる。消去の演算は一般に

$$\begin{cases} a_{ij}{}^{(k)} = a_{ij}{}^{(k-1)} - \dfrac{a_{ik}{}^{(k-1)} a_{kj}{}^{(k-1)}}{a_{kk}{}^{(k-1)}} \\ b_i{}^{(k)} = b_i{}^{(k-1)} - \dfrac{a_{ik}{}^{(k-1)} b_k{}^{(k-1)}}{a_{kk}{}^{(k-1)}} \end{cases} \quad (i \neq k,\ k = 1,\ \cdots,\ n) \tag{3.8}$$

と表すことができる。消去演算が終了すれば，対角行列の成分は $a_{ii}{}^{(k)}$ となり，右辺ベクトルは $b_i{}^{(k)}$ となるため，最終的に解は $b_i{}^{(k)}/a_{ii}{}^{(k)}$ より求められる。

上記の消去過程で問題となるのは，式(3.8)などにおいて対角成分による除算において，対角成分が零あるいは零にきわめて近い小さな値となったとき，除算が不可能，あるいはコンピュータによる計算誤差が大きくなるということである。そのため，消去段階 k において，k 行から n 行の中の k 列の成分の中で最大の値をもつ行を k 行と入れ換え，消去過程における除算による計算誤差の発生を回避する手段が通常とられる。これを**部分ピボット法**（partial pivoting）という。具体的な例題[15]を用いて，部分ピボット法を用いたガウス-

ジョルダン法の手順を示す。

$$\begin{bmatrix} 2 & 3 & -1 \\ 4 & 4 & -3 \\ 2 & -3 & 1 \end{bmatrix} \begin{Bmatrix} x_1 \\ x_2 \\ x_3 \end{Bmatrix} = \begin{Bmatrix} 5 \\ 3 \\ -1 \end{Bmatrix} \tag{3.9}$$

を考える。まず，第1段階の消去において，1列目の成分の中で最大の値をもつのは2行目であるので，2行目と1行目を入れ換えて

$$\begin{bmatrix} 4 & 4 & -3 \\ 2 & 3 & -1 \\ 2 & -3 & 1 \end{bmatrix} \begin{Bmatrix} x_1 \\ x_2 \\ x_3 \end{Bmatrix} = \begin{Bmatrix} 3 \\ 5 \\ -1 \end{Bmatrix} \tag{3.10}$$

とする。1列目の非対角項を消去するために，1行目を1/2倍したものを2行目，3行目から引く。

$$\begin{bmatrix} 4 & 4 & -3 \\ 0 & 1 & \frac{1}{2} \\ 0 & -5 & \frac{5}{2} \end{bmatrix} \begin{Bmatrix} x_1 \\ x_2 \\ x_3 \end{Bmatrix} = \begin{Bmatrix} 3 \\ \frac{7}{2} \\ -\frac{5}{2} \end{Bmatrix} \tag{3.11}$$

つぎに，第2段階の消去においても，2行目と3行目の2列目の成分の絶対値の大きさを比較し，3行目を2行目と入れ換える。

$$\begin{bmatrix} 4 & 4 & -3 \\ 0 & -5 & \frac{5}{2} \\ 0 & 1 & \frac{1}{2} \end{bmatrix} \begin{Bmatrix} x_1 \\ x_2 \\ x_3 \end{Bmatrix} = \begin{Bmatrix} 3 \\ -\frac{5}{2} \\ \frac{7}{2} \end{Bmatrix} \tag{3.12}$$

2列目の非対角項の消去のため，2行目を（−4/5）倍したものを1行目から引き，また，（−1/5）倍したものを3行目から引くと

$$\begin{bmatrix} 4 & 0 & -1 \\ 0 & -5 & \frac{5}{2} \\ 0 & 0 & 1 \end{bmatrix} \begin{Bmatrix} x_1 \\ x_2 \\ x_3 \end{Bmatrix} = \begin{Bmatrix} 1 \\ -\frac{5}{2} \\ 3 \end{Bmatrix} \tag{3.13}$$

となる。第3段階ではもはや上記の定義のとおり部分ピボット法は使用しないので，式(3.13)に対して3列目の非対角項の消去を行うと

$$\begin{bmatrix} 4 & 0 & 0 \\ 0 & -5 & 0 \\ 0 & 0 & 1 \end{bmatrix} \begin{Bmatrix} x_1 \\ x_2 \\ x_3 \end{Bmatrix} = \begin{Bmatrix} 4 \\ -10 \\ 3 \end{Bmatrix} \tag{3.14}$$

を得る。これより，ただちに $x_1 = 1$，$x_2 = 2$，$x_3 = 3$ なる解を得ることができる。

また，上述の消去過程において対角成分をすべて1にすることもできる。すなわち，消去段階 k において，上の説明では演算を施さなかった k 行目をすべてその対角項で除すれば，最終的にできあがる対角行列は単位行列となる。

以上の単純な演算を繰り返すことにより解く方法がガウス-ジョルダン法（掃出し法）である。単純な演算の繰返しは，コンピュータを用いて簡単に計算することができる。

3.2.2 三角分解を用いる方法（コレスキー法と改訂コレスキー法）

消去法の別の手法として，式(3.1)の係数行列 $\boldsymbol{A}$ を，次式のように下三角行列 $\boldsymbol{L}$ と上三角行列 $\boldsymbol{U}$ の積の形で表す方法がある。

$$\boldsymbol{A} = \boldsymbol{LU} \tag{3.15}$$

三角行列については2.1節で述べた。三角行列の積に分解する手法を**三角分解**（triangular decomposition または factorization）という。三角分解ができれば，式(3.1)は

$$\boldsymbol{Ax} = \boldsymbol{LUx} = \boldsymbol{b} \tag{3.16}$$

となるので，まず

$$\boldsymbol{Ly} = \boldsymbol{b} \tag{3.17}$$

を解くことにより，ベクトル $\boldsymbol{y}$ を求めた後

$$\boldsymbol{Ux} = \boldsymbol{y} \tag{3.18}$$

を解き，式(3.1)の解を得ることができる。

行列 $\boldsymbol{A}$ が非対称行列のとき，この解法をガウス法あるいはクラウト法と呼ぶ。行列 $\boldsymbol{A}$ が正値対称行列のとき

$$\boldsymbol{A} = \boldsymbol{L}\boldsymbol{L}^T \tag{3.19}$$

とすることができ，これを**コレスキー分解**（Cholesky decomposition）という。コレスキー分解を用いる求解法をコレスキー法という。本節では，三角分解の中でも，工学の実問題でしばしば現れる正値対称行列に対するコレスキー法と，その改良版である改訂コレスキー分解について述べる。

式(3.19)のコレスキー分解において，下三角行列 $\boldsymbol{L} = (l_{ij})$ はつぎの式で作られる。

$$\begin{cases} l_{ii} = \sqrt{a_{ii} - \sum_{k=1}^{i-1} l_{ik}{}^2} \qquad (i \geqq 2), \quad l_{11} = \sqrt{a_{11}} \\ l_{ij} = \left(a_{ij} - \sum_{k=1}^{j-1} l_{ik} l_{jk}\right) \Big/ l_{jj} \qquad (i > j), \quad l_{i1} = a_{i1}/l_{11} \end{cases} \tag{3.20}$$

ここで，式中で平方根の計算が必要になるが，係数行列 $\boldsymbol{A}$ が正値対称の場合には平方根の中は正となる。式(3.17)は

$$\begin{bmatrix} l_{11} & 0 & 0 & \cdots & \cdots & \cdots & 0 \\ l_{21} & l_{22} & 0 & \cdots & \cdots & \cdots & 0 \\ l_{31} & l_{32} & l_{33} & \cdots & \cdots & \cdots & 0 \\ \cdots & \cdots & \cdots & \cdots & \cdots & \cdots & \cdots \\ l_{i1} & l_{i2} & l_{i3} & \cdots & \cdots & \cdots & 0 \\ \cdots & \cdots & \cdots & \cdots & \cdots & \cdots & \cdots \\ l_{n1} & l_{n2} & l_{n3} & \cdots & \cdots & \cdots & l_{nn} \end{bmatrix} \begin{Bmatrix} y_1 \\ y_2 \\ y_3 \\ \cdots \\ y_i \\ \cdots \\ y_n \end{Bmatrix} = \begin{Bmatrix} b_1 \\ b_2 \\ b_3 \\ \cdots \\ b_i \\ \cdots \\ b_n \end{Bmatrix} \tag{3.21}$$

なる形をしているのであるから，1 行目を見れば $y_1 = b_1/l_{11}$ がすぐにわかる。これを用いて，2 行目から $y_2 = (b_2 - l_{21}y_1)/l_{22}$ もわかる。このように，逐次的に代入計算により解くことができるため**前進代入**（forward substitution）という。一般式は

$$y_i = \left(b_i - \sum_{k=1}^{i-1} l_{ik} y_k\right) \Big/ l_{ii} \qquad (i \geqq 2), \quad y_1 = b_1/l_{11} \tag{3.22}$$

となる。つぎに，式(3.18)はコレスキー法では

$$\boldsymbol{L}^T\boldsymbol{x} = \boldsymbol{y} \tag{3.23}$$

となる。これも式(3.21)のように成分を書けばすぐにわかるとおり，今度は逆に n 行目から簡単に解くことができる。一般式で書くと

$$x_i = \left(y_i - \sum_{k=i+1}^{n} l_{ki}x_k\right)\Big/ l_{ii} \qquad (i = n-1,\ \cdots,\ 1),\quad x_n = y_n/l_{nn} \tag{3.24}$$

となる。これを**後退代入**（backward substitution）という。前進・後退代入計算は演算量が少ない。一方，コレスキー分解は演算量が多く，特に平方根の計算に時間がかかる。そこで，この平方根の計算をなくしたのが改訂コレスキー分解である。改訂コレスキー分解は，係数行列 $\boldsymbol{A}$ をつぎのように三角分解する。

$$\boldsymbol{A} = \boldsymbol{L}\boldsymbol{D}\boldsymbol{L}^T \tag{3.25}$$

ここに，$\boldsymbol{D}$ は対角行列である。また，$l_{ii} = 1$，すなわち三角行列の対角項は1となるように分解する。分解手順は以下のようになる。

$$\begin{cases} d_{ii} = a_{ii} - \displaystyle\sum_{k=1}^{i-1} l_{ik}{}^2 d_{kk} \qquad (i \geqq 2),\quad d_{11} = a_{11} \\ l_{ij} = \left(a_{ij} - \displaystyle\sum_{k=1}^{j-1} l_{ik}l_{jk}d_{kk}\right)\Big/ d_{jj} \qquad (i > j),\quad l_{i1} = a_{i1}/a_{11} \end{cases} \tag{3.26}$$

式(3.26)の第2式で下三角行列の $(i,\ j)$ 成分を計算するために参照される成分を概念的に示すと**図 3.1** のようになる。

いったん $\boldsymbol{LDL}^T$ 分解ができれば，あとは上記の前進・後退代入により解を

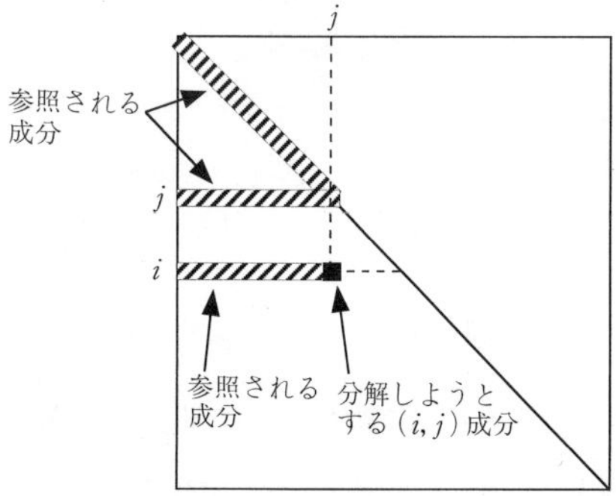

図 3.1　改訂コレスキー分解の過程

得ることができる。その際，対角行列の逆行列は自明であることから

$$\boldsymbol{Ly} = \boldsymbol{b} \tag{3.27}$$

$$\boldsymbol{Dz} = \boldsymbol{y} \tag{3.28}$$

$$\boldsymbol{L}^T\boldsymbol{x} = \boldsymbol{z} \tag{3.29}$$

を順次解けばよい。式(3.27)は上記の前進代入で，式(3.29)は後退代入で解く。$l_{ii} = 1$ であるため，上記のコレスキー分解の場合よりさらに簡単に解ける。式(3.28)は $\boldsymbol{z} = \boldsymbol{D}^{-1}\boldsymbol{y}$ より簡単に解ける。

なお，コレスキー分解や改訂コレスキー分解において必要な演算量は，次元数 n に対しておよそ n^3 のオーダである[19)]。すなわち，問題が大規模になると，３乗で演算量，すなわち計算時間が増大することになる。

3.2.3　疎行列用の解法（スカイライン法）

正値対称行列を扱う場合に便利な改訂コレスキー法において，式(3.26)を模式的に表した図 3.1 に示した三角分解過程について，ある１成分だけでなく，i 行目の計算で参照される成分を図示すると**図 3.2** のようになる。このように，分解行が順次求まっていく。この分解手順を縁どり法と呼ぶことがある[4)]。

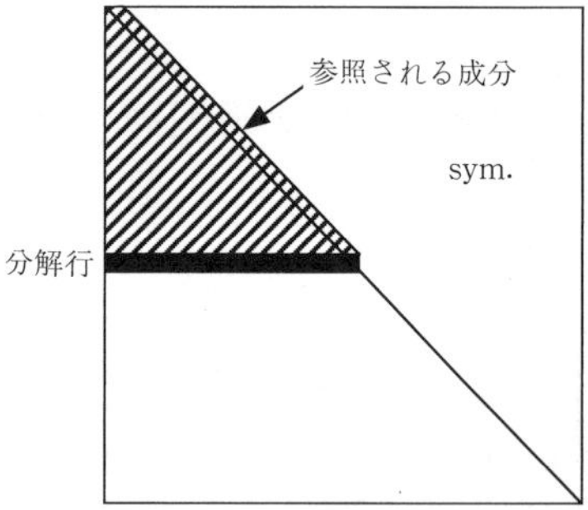

図 3.2　ある行の改訂コレスキー分解

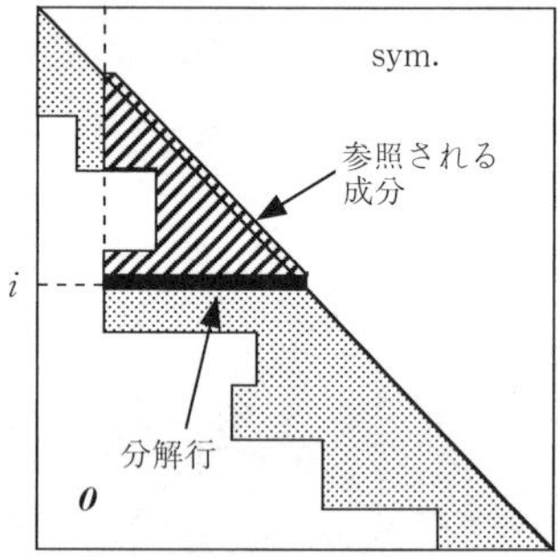

図 3.3　スカイライン法の分解過程

さて，実用的な工学の諸問題において解くべき連立１次方程式の係数行列は，その成分の大半が零となる疎行列となることが多い。その中で，構造解析

の分野などで通常現れる行列はスカイライン行列という。スカイライン行列は図2.1に示した。スカイラインとは非零成分のアウトラインをつないだものである。図3.2をスカイライン行列に適用すると，**図3.3**のようになる。つまり，式(3.26)の分解の計算において，すでに零とわかっている成分は計算を省略することにより，計算量の削減が可能である。特に，成分の大半が零という疎行列の場合には，大幅な計算量の削減につながる。このとき，改訂コレスキー分解の過程において，下三角行列には，もとの係数行列のスカイラインの外側に新たな非零成分が生じることはない。したがって，スカイラインの内側の成分だけを記憶するだけでよいため，記憶容量の削減にも貢献できる。一方，もとの係数行列には，スカイラインの内側にも零成分を多く含んでいることがあるが，これについては分解の過程で非零成分に変わる。これをfill-inと呼ぶ[4]。fill-in成分があるために，スカイラインの内側の成分はすべて記憶する必要がある。このスカイライン行列という特殊な，しかし工学においては重要な疎行列用の解法をスカイライン法と呼ぶ。なお，プログラミングにおいては，通常であれば行列は2次元配列として記憶するところであるが，スカイラインの内側の成分をつめて1次元配列に記憶する[20),21)]。

3.3 反　　復　　法

3.3.1 古典的な解法

式(3.1)の解ベクトルを求めるため，一般に

$$\boldsymbol{x}^{(r+1)} = \boldsymbol{C}\boldsymbol{x}^{(r)} + \boldsymbol{e} \qquad (r = 0,\ 1,\ 2,\ \cdots) \tag{3.30}$$

で表されるような反復過程を用いる解法がある。例えば，つぎのような例題[15]を考えてみる。

$$\begin{cases} 4x_1 + 2x_2 + x_3 = 1 \\ x_1 + 7x_2 + x_3 = 4 \\ x_1 + x_2 + 20x_3 = 7 \end{cases} \tag{3.31}$$

この連立方程式の正解は，$x_1 = -0.102$，$x_2 = 0.539$，$x_3 = 0.328$ である。式(3.31)の係数行列は

$$\begin{bmatrix} 4 & 2 & 1 \\ 1 & 7 & 1 \\ 1 & 1 & 20 \end{bmatrix} \tag{3.32}$$

であるが，この行列の対角項は非対角項よりも大きいことから，式(3.31)の解を係数行列の対角項だけを用いて非常に粗く $x_1 = 0.25$，$x_2 = 0.57$，$x_3 = 0.35$ と見積もることができよう。しかし，上記の正解とは当然違っており，特に，対角成分と非対角成分の差が比較的小さい x_1 については見積りが悪いことがわかる。しかし，係数行列の中の対角成分だけを考えた対角行列は，逆行列が自明であるということから，近似解の見積りには有効のように思われる。そこで，式(3.31)を変形して対角項だけを左辺に分離し，式(3.30)のような反復過程の考えを導入してみると

$$\begin{cases} 4x_1^{(r+1)} = 1 - 2x_2^{(r)} - x_3^{(r)} \\ 7x_2^{(r+1)} = 4 - x_1^{(r)} - x_3^{(r)} \\ 20x_3^{(r+1)} = 7 - x_1^{(r)} - x_2^{(r)} \end{cases} \tag{3.33}$$

となる。ここで，$\boldsymbol{x}^{(0)} = \boldsymbol{0}$ として，式(3.33)の反復過程を計算すれば，当然1回目の反復では上記の粗い見積りが出てくるが，例えば4回も反復してみると，$x_1 = -0.105$，$x_2 = 0.534$，$x_3 = 0.326$ となり，かなり正解に近くなる。

以上のことを一般化して書くと，係数行列を，下三角部分，対角部分，上三角部分の和として

$$\boldsymbol{A} = \boldsymbol{L} + \boldsymbol{D} + \boldsymbol{U} \tag{3.34}$$

と書く。そこで，ある初期ベクトル $\boldsymbol{x}^{(0)}$ を与え

$$\boldsymbol{D}\boldsymbol{x}^{(r+1)} = \boldsymbol{b} - (\boldsymbol{L} + \boldsymbol{U})\boldsymbol{x}^{(r)} \tag{3.35}$$

なる反復過程により近似解を求める方法がヤコビ法であり，式(3.33)で説明した手法である。式(3.35)は具体的には

$$x_i^{(r+1)} = \left(b_i - \sum_{j=1}^{i-1} l_{ij} x_j^{(r)} - \sum_{j=i+1}^{n} u_{ij} x_j^{(r)} \right) \Big/ d_{ii} \tag{3.36}$$

となる。なお，反復法では，何回程度反復すれば正解，あるいはよい近似解が得られるか，という**収束**（convergence）の議論が当然必要になるが，入門書である本書ではこれには深くふれない。ヤコビ法で収束解が得られる条件は**対角優位**（diagonally dominant）である。この条件は，係数行列の成分が $|a_{ii}| \geqq \sum_{j \neq i} |a_{ij}|$ なる条件を満たす場合であり，上記の例題の式(3.26)は対角優位であるといえる。

ヤコビ法の改良法として，次の**ガウス-ザイデル法**（Gauss-Seidel method）がある。これは，式(3.35)のかわりに

$$(\boldsymbol{D} + \boldsymbol{L})\boldsymbol{x}^{(r+1)} = \boldsymbol{b} - \boldsymbol{U}\boldsymbol{x}^{(r)} \tag{3.37}$$

を用いる方法である。具体的には

$$x_i{}^{(r+1)} = \left(b_i - \sum_{j=1}^{i-1} l_{ij}x_j{}^{(r+1)} - \sum_{j=i+1}^{n} u_{ij}x_j{}^{(r)}\right) \Big/ d_{ii} \tag{3.38}$$

となる。ヤコビ法における式(3.36)と比べると，i 番目の成分を見積もる際に，すでに更新が終わっている $i-1$ 番目の成分までを用いており，そのためガウス-ザイデル法はヤコビ法よりも収束が速い。

さらに，ガウス-ザイデル法における式(3.38)を次段階の反復解としてそのまま用いるのではなく，これをかわりに $\tilde{x}_i{}^{(r+1)}$ と書いて

$$\boldsymbol{x}^{(r+1)} = \boldsymbol{x}^{(r)} + \omega(\tilde{\boldsymbol{x}}^{(r+1)} - \boldsymbol{x}^{(r)}) \Leftrightarrow \boldsymbol{x}^{(r+1)} = (1-\omega)\boldsymbol{x}^{(r)} + \omega\tilde{\boldsymbol{x}}^{(r+1)} \tag{3.39}$$

のように前段階の解と加重平均したものを次段階の解とする方法がある。上式の ω を**緩和係数**（relaxation factor）といい，この方法を **SOR 法**（successive over-relaxation method）という。$\omega = 1$ のときはガウス-ザイデル法と一致する。反復過程は

$$x_i{}^{(r+1)} = (1-\omega)x_i{}^{(r)} + \omega\left(b_i - \sum_{j=1}^{i-1} l_{ij}x_j{}^{(r+1)} - \sum_{j=i+1}^{n} u_{ij}x_j{}^{(r)}\right) \Big/ d_{ii} \tag{3.40}$$

となる。係数行列が正値対称であるとき，$0 < \omega < 2$ に対して，いかなる初期ベクトル $\boldsymbol{x}^{(0)}$ に対しても SOR 法は収束することが知られている[15]。

これらの古典的な反復法では，1回の繰返し計算において必要な演算量が，次元数 n に対しておよそ n^2 となる[19]。前に述べた三角分解を用いる直接法に比べると，問題が大規模になったときの演算量の増加は少ないといえる。しかしながら，反復法を用いた場合の計算時間は，最終的には収束の速さに最も強く依存するので，一概に直接法と反復法の計算時間の比較をすることはできないことに留意を要する。

3.3.2 共役勾配法

前節の直接法において，一般の密行列から疎行列という工学上で重要な場合まで，いくつかの解法を述べた。特にスカイライン法という構造解析などで多用される解法についても述べた。スカイライン法では，非零成分のアウトラインであるスカイラインの内側の成分だけを用いることにより，計算量と記憶容量の削減を図った。しかし，fill-in があるために，純粋に非零成分だけを用いているわけではない。これに対し，さらなる記憶容量の削減を図るには純粋に非零成分だけを用いて解くことができればよいのは自明である。この点で，ここに紹介する**共役勾配法**（conjugate gradient method，CG method）は非零成分だけを用いて解くことが可能であるため，工学問題で現れる行列を扱うには，きわめて有力であり，大規模問題（あるいは超大規模問題と呼ばれる問題）を解くために多く用いられている。共役勾配法を応用し，例えば100万元規模，あるいはそれ以上の規模の問題でも実用的に解くことが可能である[22)~26)]。

共役勾配法では，初期ベクトル $\boldsymbol{x}^{(0)}$ を与え，次式により解の予測値の更新を行う。

$$\boldsymbol{x}^{(r+1)} = \boldsymbol{x}^{(r)} + \alpha^{(r)}\boldsymbol{p}^{(r)} \tag{3.41}$$

ここに，$\alpha^{(r)}$ はスカラで修正係数，$\boldsymbol{p}^{(r)}$ は方向修正ベクトルである。$\alpha^{(r)}$ と $\boldsymbol{p}^{(r)}$ の選び方により具体的な反復手順が決まる。ここでは，工学の諸問題においてよく現れる正値対称行列を係数行列にもつ連立方程式を対象とする。このとき，共役勾配法はこれらの係数とベクトルを

$$\Pi(x) = \frac{1}{2}\boldsymbol{x}^T\boldsymbol{A}\boldsymbol{x} - \boldsymbol{x}^T\boldsymbol{b} \tag{3.42}$$

なる汎関数を考え，これを最小化しようとすることにより決定するものである。式(3.42)は工学の諸問題においてよく用いられるものであるが，詳細[19)]は省略する。式(3.41)を式(3.42)の汎関数に代入すれば

$$\begin{aligned}\Pi(x^{(r+1)}) &= \frac{1}{2}(\boldsymbol{x}^{(r)} + \alpha^{(r)}\boldsymbol{p}^{(r)})^T\boldsymbol{A}(\boldsymbol{x}^{(r)} + \alpha^{(r)}\boldsymbol{p}^{(r)}) - (\boldsymbol{x}^{(r)} + \alpha^{(r)}\boldsymbol{p}^{(r)})^T\boldsymbol{b} \\ &= \frac{1}{2}(\boldsymbol{x}^{(r)})^T\boldsymbol{A}(x^{(r)}) - (\boldsymbol{x}^{(r)})^T\boldsymbol{b} - \alpha^{(r)}(\boldsymbol{p}^{(r)})^T(\boldsymbol{b} - \boldsymbol{A}\boldsymbol{x}^{(r)}) \\ &\quad + \frac{1}{2}(\alpha^{(r)})^2(\boldsymbol{p}^{(r)})^T\boldsymbol{A}\boldsymbol{p}^{(r)}\end{aligned} \tag{3.43}$$

となる。$\boldsymbol{A}$ の正値性から $(\boldsymbol{p}^{(r)})^T\boldsymbol{A}\boldsymbol{p}^{(r)}$ は正であることから，式(3.43)は $(\alpha^{(r)})^2$ の係数が正の $\alpha^{(r)}$ に関する 2 次式であると見ることができる。したがって，この汎関数を $\alpha^{(r)}$ について最小化しようとすれば

$$\alpha^{(r)} = \frac{(\boldsymbol{p}^{(r)})^T\boldsymbol{r}^{(r)}}{(\boldsymbol{p}^{(r)})^T\boldsymbol{A}\boldsymbol{p}^{(r)}} \tag{3.44}$$

を得る。ここに

$$\boldsymbol{r}^{(r)} = \boldsymbol{b} - \boldsymbol{A}\boldsymbol{x}^{(r)} \tag{3.45}$$

は残差ベクトルである。残差ベクトルは，もし r 段階の反復過程での近似解 $\boldsymbol{x}^{(r)}$ が正解であれば零ベクトルとなるものであることから，あとに述べるように，収束判定にも用いられる。

また，式(3.41)から

$$\boldsymbol{r}^{(r+1)} = \boldsymbol{r}^{(r)} - \alpha^{(r)}\boldsymbol{A}\boldsymbol{p}^{(r)} \tag{3.46}$$

である。

つぎに，方向修正ベクトル $\boldsymbol{p}^{(r)}$ については，各段階での方向修正ベクトルが次式を満たすように選ぶ。

$$(\boldsymbol{p}^{(i)})^T\boldsymbol{A}\boldsymbol{p}^{(j)} = 0 \qquad (i \neq j) \tag{3.47}$$

これを $\boldsymbol{A}$-直交性という。式(3.47)を満たすような $\boldsymbol{p}^{(r)}$ を選ぶには

$$\boldsymbol{p}^{(0)} = \boldsymbol{r}^{(0)} \tag{3.48}$$

$$\boldsymbol{p}^{(r+1)} = \boldsymbol{r}^{(r+1)} - \beta^{(r)}\boldsymbol{p}^{(r)} \tag{3.49}$$

と仮定すれば，式(3.47)の性質より

$$(\boldsymbol{p}^{(r+1)})^T\boldsymbol{A}\boldsymbol{p}^{(r)} = (\boldsymbol{r}^{(r+1)})^T\boldsymbol{A}\boldsymbol{p}^{(r)} - \beta^{(r)}(\boldsymbol{p}^{(r)})^T\boldsymbol{A}\boldsymbol{p}^{(r)} = 0 \tag{3.50}$$

であるから

$$\beta^{(r)} = \frac{(\boldsymbol{r}^{(r+1)})^T\boldsymbol{A}\boldsymbol{p}^{(r)}}{(\boldsymbol{p}^{(r)})^T\boldsymbol{A}\boldsymbol{p}^{(r)}} \tag{3.51}$$

が決定されるので，式(3.49)より

$$\boldsymbol{p}^{(r+1)} = \boldsymbol{r}^{(r+1)} - \frac{(\boldsymbol{r}^{(r+1)})^T\boldsymbol{A}\boldsymbol{p}^{(r)}}{(\boldsymbol{p}^{(r)})^T\boldsymbol{A}\boldsymbol{p}^{(r)}}\boldsymbol{p}^{(r)} \tag{3.52}$$

となる。

共役勾配法の反復計算の手順は以下のようにまとめられる。

（1）　初期ベクトル $\boldsymbol{x}^{(0)}$ を与える。

（2）　初期ベクトルに対する残差ベクトルを $\boldsymbol{r}^{(0)} = \boldsymbol{b} - \boldsymbol{A}\boldsymbol{x}^{(0)}$ により計算する。

（3）　$\boldsymbol{p}^{(0)} = \boldsymbol{r}^{(0)}$ とする。

（4）　修正係数 $\alpha^{(r)}$ を計算する。

$$\alpha^{(r)} = \frac{(\boldsymbol{p}^{(r)})^T\boldsymbol{r}^{(r)}}{(\boldsymbol{p}^{(r)})^T\boldsymbol{A}\boldsymbol{p}^{(r)}}$$

（5）　反復解を更新する。

$$\boldsymbol{x}^{(r+1)} = \boldsymbol{x}^{(r)} + \alpha^{(r)}\boldsymbol{p}^{(r)}$$

（6）　更新した解に対する残差ベクトルを計算する。

$$\boldsymbol{r}^{(r+1)} = \boldsymbol{r}^{(r)} - \alpha^{(r)}\boldsymbol{A}\boldsymbol{p}^{(r)}$$

（7）　以下により $\beta^{(r)}$ を計算する。

$$\beta^{(r)} = \frac{(\boldsymbol{r}^{(r+1)})^T\boldsymbol{A}\boldsymbol{p}^{(r)}}{(\boldsymbol{p}^{(r)})^T\boldsymbol{A}\boldsymbol{p}^{(r)}}$$

（8）　方向修正ベクトルを計算する。

$$\boldsymbol{p}^{(r+1)} = \boldsymbol{r}^{(r+1)} - \beta^{(r)}\boldsymbol{p}^{(r)}$$

（9）　収束判定を行い，十分な収束が得られていない場合には手順（4）～（9）を繰り返す。

ここで，収束条件としては，上記のとおり残差ベクトルを用い

$$\frac{\| \boldsymbol{r} \|_2}{\| \boldsymbol{b} \|_2} \leqq \varepsilon \tag{3.53}$$

が一般的に用いられる。ここで，$\| \boldsymbol{r} \|_2$ などは2.1節で述べたユークリッド・ノルムである。ユークリッド・ノルムはいわゆるベクトルの大きさ（あるいは長さ）を表すものであり，簡単に $\| \boldsymbol{r} \|$ と表すことがある。また，右辺ベクトルのノルムで除した式(3.53)の左辺は相対残差と呼ばれる。

上記の反復の手順の中で，最も多くの演算を要するのは，当然ながら行列を扱う計算であり，手順(4)で最初に現れる $\boldsymbol{Ap}^{(r)}$ の計算である。これは，次元数 n に対して，n^2 の演算量を要する。なお，この計算は手順(4)において行ったら，その結果を保存しておけば，後の手順(6)，(7)では改めて行う必要はない。そのほかの計算はすべてベクトルの計算だけであり，演算量は n^1 のオーダですむ[19)]。三角分解を用いる直接法が n^3 の演算量を必要としたのに対し，一部の計算だけで n^2 のオーダとなるだけであるから，特に次元が大きくなった場合，直接法に比べて演算量の増加は少ないといえる。計算時間は収束の速さに強く依存するため，一概にはいえないが，大規模問題の解析に共役勾配法が有利になることが多い理由の一つがここにある。実際，筆者の経験では，問題の規模にほぼ比例した計算時間の増加となり，問題の性質が同じ小規模問題の計算時間がわかっていれば，問題が大規模化したときでも要する計算時間の予測はおよそたてられる[26)]。

共役勾配法は，先に述べたヤコビ法などの古典的な反復法と違い，n 元の方程式を解くには n 回の反復をすれば正解が得られることが理論的に証明されている[5)]。さらに，n 回も反復しなくても十分な収束解が得られることもある。逆に，理論的な収束の保証があっても，実際にコンピュータで反復計算を行うと，コンピュータによる丸め誤差などの影響により，n 回の反復を行っても十分に収束しない場合もある。そこで，工学の諸問題においては，収束を速めるための**前処理**（preconditioning）を行ったうえで共役勾配法を適用する**前処理付き共役勾配法**（preconditioned CG method，PCG method）が多用され

る。これについては次項で述べる。

2.1 節では係数行列の条件数というものを紹介し，条件数が収束の速さと関係があることを述べた。条件数は，係数行列が正値対称である場合には，最大固有値と最小固有値の比により与えられることも述べた。条件数は 1 以上の値をとるが，小さいほど性質がよく，収束が速い。逆に，条件数が大きい場合には悪問題ということも述べた。これよりわかるとおり，収束の速さと固有値の分布あるいは存在範囲は密接に関係している。共役勾配法は，固有値に重複があるときや固有値が密集しているときに収束が速いことが知られている[4)]。この性質を利用して，収束を速めるような種々の前処理法が提案されている。

収束の速さと固有値が関連している例として，材料力学で学ぶ棒の引張り問題と，はりの曲げの問題を共役勾配法で解いた場合，一般には棒の引張り問題のほうが速い収束が得られる。同じ棒を引っ張った場合と曲げた場合を考えると，固有値は引張り問題のほうが高い。言い換えれば，曲げモードの振動問題は引張り問題に比べて周期が長く，固有値が低い。このような場合には共役勾配法の収束は遅い。この例題からわかるとおり，係数行列の条件数は収束の速さを知るうえで有効であるが，右辺ベクトルの種類（引張荷重か曲げ荷重か）によっても収束の速さは変わる。いずれにしても，問題の固有値と収束の速さは密接な関連がある。したがって，バルクな物体の解析よりも，例えば橋梁などの細長い構造物の解析には多くの反復回数を要することになり，共役勾配法で解きにくい問題である。また，反復過程における相対残差の減少の様子を見ると，階段状になることがよくある。いわば，反復解が大いに正解に近付く活動期と，ほとんど改善のない停滞期が繰り返し訪れるわけである。このことも，固有値の分布と関連している[5)]。共役勾配法を使う場合，反復解の改善がないからといって，十分に収束したとはいえず，収束判定に前段階の解と更新後の解の差を用いることはできないので注意を要する。

必要な記憶容量については，最も容量を必要とするのは行列であり，$\boldsymbol{A}\boldsymbol{p}^{(r)}$ の計算において係数行列を参照しなければならない。疎行列を扱う場合，この計算において当然ながら零成分は不要である。また，係数行列は，例えば直接法で紹介した三角分解などのように書き換えることがないし，スカイライン法で問題となった fill-in の問題もない。したがって，純粋に非零成分だけを記憶しておけばよい。工学の諸問題で現れる疎行列において，スカイラインの内側にある零成分を記憶しなくてよいということは，記憶容量のきわめて大きな削減につながる。記憶容量が少なくてよいということは，裏返せば同じ記憶容量であれば大規模な問題が解けるということである。これが，直接法に優る反復法の大きな利点である。プログラミングにおいては，非零成分だけをつめて1次元配列に記憶させる。成分とメモリ上の番地との対応をとるためにインデックス[21)]が必要にはなるが，スカイラインの内側にある零成分を記憶しないことの利点のほうがはるかに大きい。

なお，$\alpha^{(r)}$ と $\beta^{(r)}$ の計算には，式(3.44)，式(3.51)で示した式のほかに，より計算が楽である次式を使うこともできる。

$$\alpha^{(r)} = \frac{(\boldsymbol{r}^{(r)})^T \boldsymbol{r}^{(r)}}{(\boldsymbol{p}^{(r)})^T \boldsymbol{A} \boldsymbol{p}^{(r)}} \tag{3.54}$$

$$\beta^{(r)} = \frac{(\boldsymbol{r}^{(r+1)})^T \boldsymbol{r}^{(r+1)}}{(\boldsymbol{r}^{(r)})^T \boldsymbol{r}^{(r)}} \tag{3.55}$$

つまり，$(\boldsymbol{r}^{(r)})^T \boldsymbol{r}^{(r)}$ の計算結果を何度も用いることにより，演算量を削減することができるというものである。しかし，計算精度の確保のためには，上に示した式(3.44)，(3.51)を用いるほうがよいとの指摘もある。

3.3.3　前処理付き共役勾配法

上述したとおり，共役勾配法の収束の速さは固有値の分布に強く依存している。この性質を利用して，固有値の分布を変えて，問題の性質をよくして，収束を速める手法が提案されている。このような処理を前処理と呼び，前処理を行ったあとに共役勾配法を適用する手法を前処理付き共役勾配法という。なお，本項でも正値対称行列を係数行列にもつ方程式を考えることにする。

最も簡単で，かつ多く用いられる手法は，**スケーリング**（scaling），あるいは**対角スケーリング**（diagonal scaling）と呼ばれる前処理法である。これは，係数行列を式(3.34)のように分解したとき，対角成分だけを取り出した対角行列 $\boldsymbol{D}$ を用い，連立方程式(3.1)をつぎの方程式を解く問題に置き換える。

$$\begin{cases} \boldsymbol{D}^{-\frac{1}{2}}\boldsymbol{A}\boldsymbol{D}^{-\frac{1}{2}}\boldsymbol{y} = \boldsymbol{D}^{-\frac{1}{2}}\boldsymbol{b} \\ \boldsymbol{x} = \boldsymbol{D}^{-\frac{1}{2}}\boldsymbol{y} \end{cases} \tag{3.56}$$

ここに

$$\boldsymbol{D}^{-\frac{1}{2}} = \left(\frac{1}{\sqrt{a_{ii}}}\right) \tag{3.57}$$

である。この前処理によっても，もとの係数行列がもっていた正値対称性は崩れない。また，式(3.56)の $\boldsymbol{D}^{-1/2}\boldsymbol{A}\boldsymbol{D}^{-1/2}$ は，対角成分がすべて1となる。非対角成分は（$a_{ij}/\sqrt{a_{ii}a_{jj}}$）となる。これよりわかるとおり，スカイライン法で問題となったような fill-in はない。したがって，非零成分だけを用いて少ない記憶容量で計算できるという特徴も保たれている。工学の実問題においては，もとの係数行列の対角成分の値が，そのオーダすら大きく異なることがあり，このような問題は一般に解きにくく，収束も遅い。これに対して，スケーリングを施せば対角成分はすべて1にそろえることができる。実際に，スケーリングにより条件数は小さくなることが知られている。すなわち，固有値の存在範囲が狭くなり，収束が速くなることが期待できる。この**スケーリング付き共役勾配法**（scaled CG method，SCG method）は，簡単でありながら，工学の実際の解析においてよく用いられる手法である[5),22)~28)]。

ほかの種々の前処理法を述べるため，一般的に，前処理行列として適当な正値対称行列 $\boldsymbol{C}$ を選び，$\boldsymbol{C}$ をコレスキー分解して

$$\boldsymbol{C} = \boldsymbol{L}\boldsymbol{L}^T \tag{3.58}$$

としておく。ここに，$\boldsymbol{L}$ は下三角行列である。前述したように，式(3.42)の汎関数の最小化問題において

$$\tilde{\boldsymbol{x}} = \boldsymbol{L}^T\boldsymbol{x} \tag{3.59}$$

と変換することにより，もとの連立方程式を

$$\begin{cases}\tilde{\boldsymbol{A}}\tilde{\boldsymbol{x}} = \tilde{\boldsymbol{b}} \\ \tilde{\boldsymbol{A}} = \boldsymbol{L}^{-1}\boldsymbol{A}\boldsymbol{L}^{-T} \\ \tilde{\boldsymbol{b}} = \boldsymbol{L}^{-1}\boldsymbol{b}\end{cases} \tag{3.60}$$

と書き換え，これに対する汎関数を

$$\tilde{\Pi}(\tilde{\boldsymbol{x}}) = \frac{1}{2}\tilde{\boldsymbol{x}}^T\tilde{\boldsymbol{A}}\tilde{\boldsymbol{x}} - \tilde{\boldsymbol{x}}^T\tilde{\boldsymbol{b}} \tag{3.61}$$

とする。もし，$\tilde{\boldsymbol{A}}$ の固有値分布がもとの係数行列に比べて改善されたならば，$\tilde{\Pi}$ に対して共役勾配法を適用すれば収束は速くなることが期待される。このとき，前処理行列 $\boldsymbol{C}$ に対する要求項目は，コレスキー分解が容易にできて，$\boldsymbol{L}$ が $\boldsymbol{A}$ と同様に疎であることがあげられよう。

一般に前処理付き共役勾配法の反復計算の手順は以下のようにまとめられる。

（1）　初期ベクトル $\boldsymbol{x}^{(0)}$ を与える。

（2）　初期ベクトルに対する残差ベクトルを $\boldsymbol{r}^{(0)} = \boldsymbol{b} - \boldsymbol{A}\boldsymbol{x}^{(0)}$ により計算する。

（3）　$\boldsymbol{p}^{(0)} = \boldsymbol{C}^{-1}\boldsymbol{r}^{(0)}$ とする。

（4）　修正係数 $\alpha^{(r)}$ を計算する。

$$\alpha^{(r)} = \frac{(\boldsymbol{p}^{(r)})^T\boldsymbol{r}^{(r)}}{(\boldsymbol{p}^{(r)})^T\boldsymbol{A}\boldsymbol{p}^{(r)}}$$

（5）　反復解を更新する。

$$\boldsymbol{x}^{(r+1)} = \boldsymbol{x}^{(r)} + \alpha^{(r)}\boldsymbol{p}^{(r)}$$

（6）　更新した解に対する残差ベクトルを計算する。

$$\boldsymbol{r}^{(r+1)} = \boldsymbol{r}^{(r)} - \alpha^{(r)}\boldsymbol{A}\boldsymbol{p}^{(r)}$$

（7）　以下により $\beta^{(r)}$ を計算する。

$$\beta^{(r)} = \frac{(\boldsymbol{C}^{-1}\boldsymbol{r}^{(r+1)})^T\boldsymbol{A}\boldsymbol{p}^{(r)}}{(\boldsymbol{p}^{(r)})^T\boldsymbol{A}\boldsymbol{p}^{(r)}}$$

（8）　方向修正ベクトルを計算する。

$$\boldsymbol{p}^{(r+1)} = \boldsymbol{C}^{-1}\boldsymbol{r}^{(r+1)} - \beta^{(r)}\boldsymbol{p}^{(r)}$$

（9）　収束判定を行い，十分な収束が得られていない場合には手順(4)～(9)を繰り返す。

ここで，$\boldsymbol{C}^{-1}\boldsymbol{r} = \boldsymbol{z}$ の計算は，コレスキー分解を用いて

$$\begin{cases} \boldsymbol{L}\boldsymbol{y} = \boldsymbol{r} \\ \boldsymbol{L}^T\boldsymbol{z} = \boldsymbol{y} \end{cases} \tag{3.62}$$

を代入計算により解くことによって行うことができる。詳細はコレスキー分解について述べた 3.3.2 項を参照されたい。

具体的な方法の一つとして，Meijerink と Van der Vorst が提案した**不完全コレスキー分解**（incomplete Cholesky deomposition）を用いる ICCG 法を紹介する。不完全コレスキー分解とは

$$\boldsymbol{A} = \boldsymbol{L}\boldsymbol{D}\boldsymbol{L}^T - \boldsymbol{R} \qquad (\boldsymbol{R} \neq \boldsymbol{0}) \tag{3.63}$$

のように，下三角行列と対角行列を用いるものであるが，式(3.25)と異なり，$\boldsymbol{R} \neq \boldsymbol{0}$ の分だけ不完全に分解するというものである。式(3.25)の改訂コレスキー分解では，スカイライン法で説明したとおり fill-in が生じるために，もとの $\boldsymbol{A}$ の疎である性質と比べ，$\boldsymbol{L}$ のほうが密になってしまう。そこで，分解する際に，もとの $\boldsymbol{A}$ の零成分であった成分は，$\boldsymbol{L}$ でも零成分としてしまい，$\boldsymbol{A}$ が疎であった性質を受け継ぐかわりに，$\boldsymbol{R} \neq \boldsymbol{0}$ が必要になる点で，不完全な分解ということである。

例えば，有限差分法による解析を行う場合，2 次元問題で 5 点差分という手法を用いると，得られる係数行列は**図 3.4** のようになる。図に示すとおり，非零成分はある間隔をおいて 5 本の直線上に分布する。これを五重対角行列という。これは，図 2.1 に示した帯行列の形である。スカイライン法を用いた場合，fill-in が生じると，行列が疎である性質はたちまち失われ，もとの係数行列を記憶するのに必要な記憶容量に比べ，完全なコレスキー分解や改訂コレスキー分解で必要となる記憶容量は膨大なものとなる。これに対し，ICCG 法はもとの係数行列の非零成分だけで計算を進めるため，記憶容量が少なくてすむという反復法の利点を継承している。

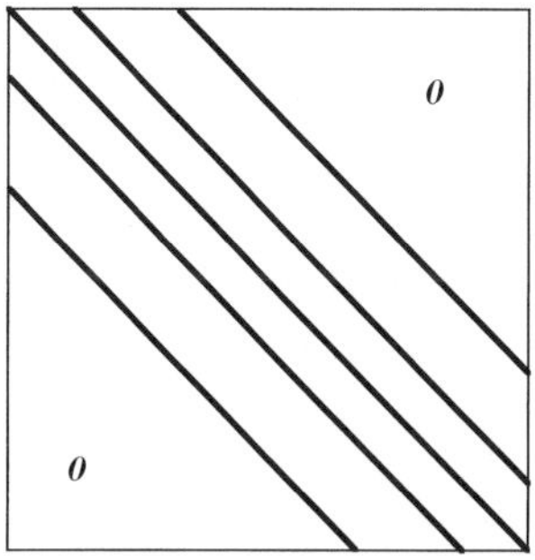

図 3.4　差分法で得られる疎行列の例

不完全コレスキー分解にも種々の計算法が考えられるが，最も簡単なのは

$$\begin{cases} l_{ii} = a_{ii} - \sum_{k=1}^{i-1} l_{ik}{}^2 d_{kk}, \quad l_{11} = a_{11} \\ l_{ij} = a_{ij} \qquad (i \neq j) \\ d_{ii} = \dfrac{1}{l_{ii}} \end{cases} \tag{3.64}$$

である[13),20),21)]。すなわち，対角成分だけを作成し，非対角項には操作を施さない。この前処理により，例えば差分法による流体解析において，大幅な収束の改善がなされることが確認されている[17)]。この分解では改訂コレスキー分解をもとにしているが，3.2.2 項で述べたとおりコレスキー分解では改訂コレスキー分解と異なり平方根の計算が必要であったことを勘案すれば，式(3.64)の不完全分解で作られる l_{ii} がもし負の値になったら不都合が生じると考えられる。実際に，有限要素法による固体力学分野での構造解析においては式(3.64)ではこのような不都合が生じ，良好な収束が得られないことがある。そこで，対角成分が正になるように保証するために，補正係数 c を用いて

$$\begin{cases} l_{ii} = ca_{ii} - \sum_{k=1}^{i-1} l_{ik}{}^2 d_{kk}, \quad l_{11} = a_{11} \\ l_{ij} = a_{ij} \qquad (i \neq j) \\ d_{ii} = \dfrac{1}{l_{ii}} \end{cases} \tag{3.65}$$

とする方法も提案されており，実際の構造解析例においてその有効性が確認されている[13),29)~32)]。

このほかにも，いくつかの前処理法が提案されているが，ここでは省略する。なお，本項および前項では正値対称行列を対象として述べたが，非対称行列に対する反復法には**共役残差法**（conjugate residual method，CR method），**双共役勾配法**（biconjugate gradient method，BCG method），**自乗共役勾配法**（CG squared method，CGS method）などがあり，それぞれ，前処理を施して収束を速める手法が提案されている。例えば，不完全 LU 分解するというものである。これらの詳細については，ほかの専門書[17),21)]を参照いただくことにして，本書ではふれない。

4

代数方程式，超越方程式の数値解法

自然科学や工学においてはしばしば複雑な方程式の解を求める必要が生じる。特に工学においては，設計計算などにおいて解析解が得られない方程式の数値解が必要となる。こうした数値解はコンピュータができる以前からも求める必要があり，以前は，グラフによる解法，あるいは手計算（手回し計算機）による方法によって非常な手間をかけて，数値解を求めていた。そうして得られる解は，決して精度のよいものではなかった。現在では，コンピュータの高速化により，こうした数値解を即座に高精度で求めることが可能となっている。ただし，そこで使われている数値解法はコンピュータが現れる以前から先人が考え出した方法が多く使われている。

現在のわれわれはなんの苦労もすることなく複雑な方程式の数値解を求めることができるわけであるが，その反面注意すべきこともある。以前，グラフや手計算で求めていた場合に，つねに数学的にも工学的，物理学的にも解の意味を把握しつつ求めていた。数学的にあるいは工学的，物理学的に考えておかしいと思われる値が出てくると，その段階で式や，求め方を再考しつつ解を求めることができた。ところが，コンピュータにより数値解を求めることになると，コンピュータの計算結果を無反省に信じてしまうことがしばしば起こる。もとの数式の誤りや，数値解法の誤りによって間違った値が出てくる場合も多々あることを考えて，コンピュータの計算結果をつねに批判的にチェックする態度が重要である。

理学，工学において解くことの必要となってくる方程式には代数方程式と超

越方程式がある。代数方程式は

$$f(x) = a_0x^n + a_1x^{n-1} + \cdots + a_{n-1}x + a_n = 0 \tag{4.1}$$

の形で与えられるものであり，超越方程式は超越関数（sin や指数関数，ガンマ関数など）を含む方程式であり，例えば

$$f(x) = 2x - \cos x = 0 \tag{4.2}$$

のようなものである。数値解法は，代数方程式，超越方程式のいずれも同様な方法が用いられる。しかしながら，代数方程式については数学的にも解の存在とその個数が明らかになっている（例えば式(4.1)では複素数の範囲で n 個の解が存在する）が，超越方程式の場合には解が存在するか否かは一般的にはわからない。数値的に解く前に，その概略のグラフを書くなどの方法により，解の存在とおおよそどの範囲にあるかを確認しておく必要がある。以下に，代数方程式，超越方程式を数値的に解く方法について，その代表的なものを述べる。

4.1 繰 返 し 法

この方法は最も単純で考えやすい方法である。いま解くべき方程式を

$$f(x) = 0 \tag{4.3}$$

とすれば，これを

$$x = g(x) \tag{4.4}$$

の形に書き換える。ここで

$$g(x) = f(x) + x \tag{4.5}$$

こうしておいて，解の予測値を適当に与える。これを x_1 とする。これを式(4.4)の右辺に代入すれば新たな解の予測値 x_2 が得られる。これを繰り返し，k 回目の値 x_k から（$k + 1$）回目の値 x_{k+1} を求める。

$$x_{k+1} = g(x_k) \tag{4.6}$$

k を大きくしたとき x_{k+1} が一定値に近付けばこれが式(4.4)（したがって，式(4.3)）の一つの数値解である。例えば

$$f(x) = x^2 - 4x + 1 = 0 \tag{4.7}$$

とすると

$$x = g(x) = \frac{x^2 + 1}{4} \tag{4.8}$$

$x_1 = 0.5$ として式(4.8)から順次 x_2, x_3, …を求めると $x_2 = 0.3125$, $x_3 = 0.2744$, $x_4 = 0.2688$, $x_5 = 0.2681$ となり，4回程度の繰返しで式(4.7)の解 $x = 2 \pm \sqrt{3}$ の一つにほぼ近い値が得られる。

この方法を図示すると**図4.1**のようになる。この図で式(4.4)の解は $y = x$ と $y = g(x)$ の交点である。この図の場合には x_1 から始まって x_2, x_3, …はつぎつぎと交点に近付いていき，この繰返し法により解が求められることがわかる。ただし，この方法はつねに有効とは限らない。**図4.2**のような場合には，x_2, x_3, …は交点からどんどん遠ざかっていく。この方法が有効なのは，交点における $y = g(x)$ の傾きが1より小さい場合である。

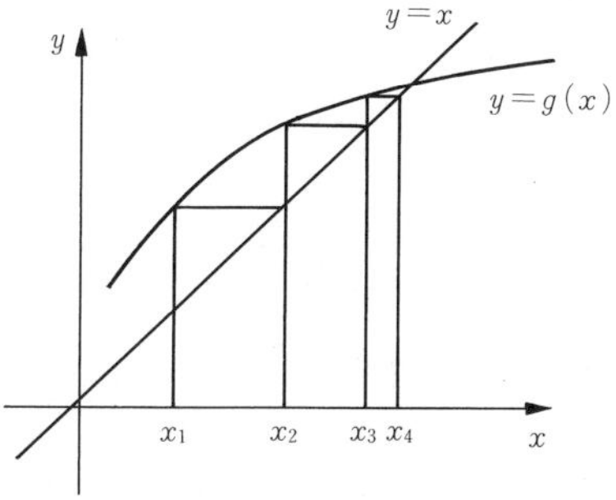

図4.1 繰返し法による解の求め方（解が求まる場合）

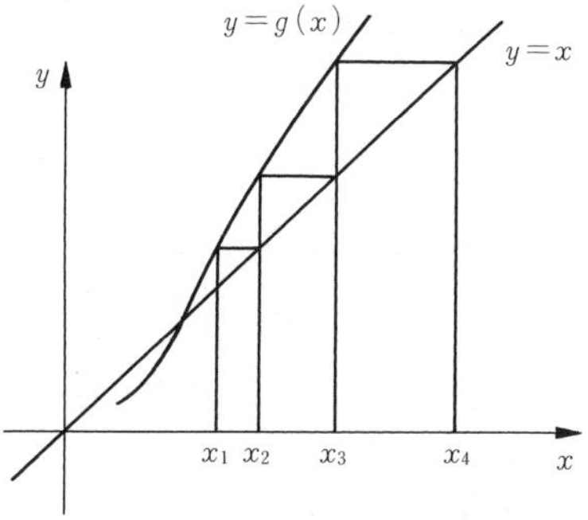

図4.2 繰返し法による解の求め方（解が求まらない場合）

4.2 区間縮小法

この方法も直感的でわかりやすい方法である。計算の時間はかかるが確実に数値解を求めることができる。いま，式(4.3)の解が，x_0 と x_1 の間に一つだ

け存在することがわかっていれば $f(x)$ は x_0 と x_1 の間で符号を変える。すなわち

$$f(x_0)f(x_1) < 0 \tag{4.9}$$

x_0 と x_1 の中点を x_2 とする。もし

$$f(x_0)f(x_2) < 0 \qquad f(x_1)f(x_2) > 0 \tag{4.10}$$

であれば解は x_0 と x_2 の間にある。このとき x_0 と x_2 の中点を x_3 とする。反対に

$$f(x_0)f(x_2) > 0 \qquad f(x_1)f(x_2) < 0 \tag{4.11}$$

であれば解は x_2 と x_1 の間にある。このとき x_2 と x_1 の中点を x_3 とする。同様のことを繰り返し，x_2，x_3，x_4，…，x_k，…を順次求めていけば明らかに式(4.3)の解に収束する。この方法は $f(x)$ がどのような関数であっても解が x_0 と x_1 の間に一つだけ存在することがわかっていれば確実に求めることができる。

この方法は確実な方法であるが，関数の形にかかわらず 1 回の繰返し当り，精度が区間幅の 1/2 ずつしか上がっていかないのできわめて収束が遅い方法である。したがって，この方法で解の概略の近似値を求めほかの収束の早い方法の初期値として使う場合も多い。

4.3　ニュートン-ラフソン法

この方法は方程式の数値解を求める方法として最もよく使われる方法で収束も早い。

いま，式(4.3)の解の近似値を x_1 とする。真の解との誤差を h とすれば

$$f(x_1 + h) = 0 \tag{4.12}$$

式(4.12)の左辺をテイラー展開し第 1 次の項までとれば

$$f(x_1 + h) \cong f(x_1) + f'(x_1)h = 0 \tag{4.13}$$

これより h の近似値を求めると

$$h \cong -\frac{f(x_1)}{f'(x_1)} \tag{4.14}$$

したがって，より精度の高い解の近似値 x_2 が次式で求められる。

$$x_2 = x_1 - \frac{f(x_1)}{f'(x_1)} \tag{4.15}$$

これを繰り返し k 回目の近似値 x_k から $k+1$ 回目の近似値 x_{k+1} を

$$x_{k+1} = x_k - \frac{f(x_k)}{f'(x_k)} \tag{4.16}$$

で求めれば，x_k は解に収束していく。これを図示すると**図 4.3** のようになる。

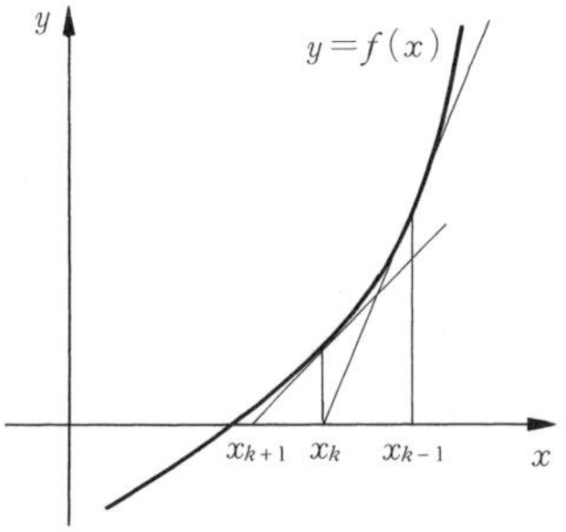

図 4.3　ニュートン法による解の求め方

このニュートン-ラフソン法はきわめて収束が早く最もよく使われる方法である。ただし，解がたくさんあるとき，希望する解を求めようとすると，その解の近くの近似値を知っておく必要がある。したがって，区間縮小法などで目指す解の近似値を求めておき，ニュートン-ラフソン法で高精度に解を求める方法などが用いられる。

例として，この方法を用いた平方根の数値解の求め方を以下に示す。

平方根は 2 次方程式

$$f(x) = x^2 - a = 0 \tag{4.17}$$

の解なので

$$f'(x) = 2x \tag{4.18}$$

を考慮して式(4.16)を用いると

$$x_{k+1} = x_k - \frac{{x_k}^2 - a}{2x_k} = \frac{1}{2}\left(x_x + \frac{a}{x_k}\right) \tag{4.19}$$

いま，$a=2$ として $x_1=1.5$ とすれば $x_2=1.4167$，$x_3=1.4142$ となり非常に早く解に収束することがわかる。ちなみに式(4.19)は平方根の求め方として古代メソポタミアですでに利用されていたといわれている。

このニュートン-ラフソン法は非常に適用性が広い。上の例では1変数の実数の方程式を考えたが，式(4.12)から式(4.16)はこれを複素数として考えても，あるいはベクトル（多変数）と考えても同様に成り立つ。したがって，複素数の範囲での数値解を求める場合にもまた連立方程式の数値解を求める場合にもニュートン-ラフソン法が用いられる。

4.4 セカント法

ニュートン-ラフソン法は数値解を求めるのに非常に強力な方法であった。ただし，ニュートン-ラフソン法を用いる場合には $f(x)$ の導関数を求めるという解析的な操作が必要であり，これは，コンピュータではなく人間が行わなければならない。繰返し法や区間縮小法は $f(x)$ が与えられれば計算が可能であったが，ニュートン-ラフソン法は $f(x)$ を与えるだけでは数値解が求まらないところに不便さがある。また導関数も簡単に求められる場合と非常に複雑になり微分値を計算で求めることが非常に困難となる場合がある。そこで，導関数を求めることなく，ニュートン-ラフソン法と似た方法で数値解を求める方法が**セカント**（secant）**法**である。

セカント法の場合，接線を求めるかわりに，解の二つの近似値を結ぶ直線を用いる。したがって，解の近似値の初期値を二つ与える必要がある。

いま，式(4.3)の解の二つの近似値を x_1，x_2 とする。このとき $y=f(x)$ 上の2点 $(x_1,\ f(x_1))$，$(x_2,\ f(x_2))$ を結ぶ直線は次式で与えられる。

$$y=\frac{f(x_1)-f(x_2)}{x_1-x_2}(x-x_2)+f(x_2) \tag{4.20}$$

この直線と x 軸の交点を新たな解の近似値 x_3 とする。すなわち

$$x_3 = x_2 - f(x_2)\frac{x_1 - x_2}{f(x_1) - f(x_2)} \tag{4.21}$$

同様の操作を x_2，x_3 を用いて繰り返し x_4 を求める。これを順次繰り返し，x_{k-1}，x_k を用いて x_{k+1} を次式で求める。

$$x_{k+1} = x_k - f(x_k)\frac{x_{k-1} - x_k}{f(x_{k-1}) - f(x_k)} \tag{4.22}$$

k が十分に大きくなると x_k は解に収束する。この方法を図示すると**図 4.4** のようになる。

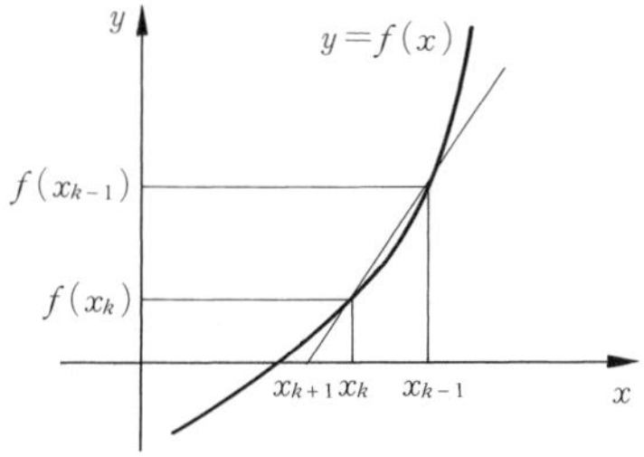

図 4.4　セカント法による解の求め方

セカント法の収束はニュートン-ラフソン法よりはやや劣るがかなり早い。またこの方法では 1 ステップ当り $f(x)$ の関数計算を 1 回だけ行えばよいのに対し，ニュートン-ラフソン法では $f(x)$ と $f'(x)$ を 2 回計算しなければならないので，$f'(x)$ が複雑で計算に時間がかかる場合には計算時間の観点からセカント法のほうが早く収束する場合がある。また，この方法はニュートン-ラフソン法とは異なり，導関数を与えなくてよいという点が大きな利点である。そのかわり，解の近似値を二つあらかじめ与える必要がある。また，ニュートン-ラフソン法の場合と同様，初期に与える解の近似値によって，目指す解が得られない場合もあるので，初期値の与え方が重要であり，区間縮小法などを併用して，数値解を求める場合もある。

また，ニュートン-ラフソン法の場合と同様，式(4.21)，(4.22)は複素数の場合も同様に成り立つので，セカント法も複素数の数値解を求める場合にも適用可能である。一方ニュートン-ラフソン法はベクトル（多変数）にも容易に拡張できるのに対し，セカント法は拡張が難しい。

4.5 連立非線形方程式の数値解法

これまでに述べてきた方法はいずれも変数が一つの場合の高次代数方程式，超越方程式の数値解の求め方であった。しかしながら工学においては，数多くの変数についての高次代数方程式，超越方程式（非線形方程式）を連立して解くことが必要となってくることが少なくない。線形の連立方程式の解法は，3章に述べたとおりである。非線形の連立方程式の数値解法は線形連立方程式と比べて複雑となるが，基本的には，上述の1変数の非線形方程式の数値解法と線形連立方程式の解法を組み合わせて用いることになる。ただ，非線形連立方程式の場合，解が存在するか否かはほとんど証明が不可能である場合が多く，工学における物理的な現象を表すものとして方程式が正しく記述されており，解は存在するものとして数値解析を行わざるをえない。その意味からも，現象のモデル化と，数値解によって得られた解をつねに批判的に検討する態度が必要である。

非線形連立方程式は多数の非線形方程式を解くことにほかならないので，基本的には4.1節から4.4節までのいずれかの方法を用いることとなる。このうち多変数の容易に拡張しうるものとしては4.1節で述べた繰返し法と，4.3節で述べたニュートン-ラフソン法がある。このうち繰返し法はきわめて簡単であるが，1変数の場合においても必ずしも解が得られるとは限らなかったので，多変数になるとますます，解が得られる可能性が限定されてくる。そこで，最も広く用いられているのはニュートン-ラフソン法を多変数に拡張したものである。多変数になるため，解の近似値を1回求めるたびに線形化した連立方程式を3章の手法で求める必要がある。

n 個の変数 $(x_1,\ x_2,\ x_3,\ \cdots,\ x_n)$ からなる n 個の非線形方程式 $(f_1,\ f_2,\ f_3,\ \cdots,\ f_n)$ を考える。すなわち

$$
\begin{aligned}
&f_1(x_1,\ x_2,\ x_3,\ \cdots,\ x_n) = 0\\
&f_2(x_1,\ x_2,\ x_3,\ \cdots,\ x_n) = 0\\
&f_3(x_1,\ x_2,\ x_3,\ \cdots,\ x_n) = 0\\
&\cdots\cdots\cdots\cdots\cdots\cdots\cdots\cdots\\
&f_n(x_1,\ x_2,\ x_3,\ \cdots,\ x_n) = 0
\end{aligned}
\tag{4.23}
$$

ここでベクトルの表記を用い

$$\boldsymbol{x} = (x_1,\ x_2,\ x_3,\ \cdots,\ x_n) \tag{4.24}$$

$$\boldsymbol{f} = (f_1(\boldsymbol{x}),\ f_2(\boldsymbol{x}),\ f_3(\boldsymbol{x}),\ \cdots,\ f_n(\boldsymbol{x})) \tag{4.25}$$

で表せば，連立非線形方程式は式(4.3)と同様な形で

$$\boldsymbol{f}(\boldsymbol{x}) = 0 \tag{4.26}$$

と表される。繰返し法は，4.1節の場合とまったく同様に，式(4.26)を

$$\boldsymbol{x} = \boldsymbol{g}(\boldsymbol{x}) \qquad (\boldsymbol{g}(\boldsymbol{x}) = \boldsymbol{f}(\boldsymbol{x}) + \boldsymbol{x}) \tag{4.27}$$

と変形し初期の解の近似値を $\boldsymbol{x}^{(1)}$ とおいて，$\boldsymbol{x}^{(2)}$ を

$$\boldsymbol{x}^{(2)} = \boldsymbol{g}(\boldsymbol{x}^{(1)}) \tag{4.28}$$

で求め，以下これを繰り返し，$\boldsymbol{x}^{(k)}$ から，$\boldsymbol{x}^{(k+1)}$ を

$$\boldsymbol{x}^{(k+1)} = \boldsymbol{g}(\boldsymbol{x}^{(k)}) \tag{4.29}$$

で順次求めていき $\boldsymbol{x}^{(k)}$ が収束すればそれが求める連立非線形方程式の解である。この方法は1変数の場合の繰返し法をそのまま多変数に拡張しただけであり，きわめて簡単な方法であるが，方程式の形によって $\boldsymbol{x}^{(k)}$ が収束するとは限らない。したがって，一般にはつぎの多変数のニュートン-ラフソン法が用いられる。

いま，連立非線形方程式(4.26)の初期の解の近似値を $\boldsymbol{x}^{(1)}$ とし，これの真の解との誤差を

$$\boldsymbol{h} = (h_1,\ h_2,\ h_3,\ \cdots,\ h_n)$$

とすれば

$$\boldsymbol{f}(\boldsymbol{x}^{(1)} + \boldsymbol{h}) = 0 \tag{4.30}$$

これを式(4.23)の各式について具体的に書けばつぎのようになる。

$$
\begin{aligned}
&f_1(x_1^{(1)}+h_1,\ x_2^{(1)}+h_2,\ x_3^{(1)}+h_3,\ \cdots,\ x_n^{(1)}+h_n)=0\\
&f_2(x_1^{(1)}+h_1,\ x_2^{(1)}+h_2,\ x_3^{(1)}+h_3,\ \cdots,\ x_n^{(1)}+h_n)=0\\
&f_3(x_1^{(1)}+h_1,\ x_2^{(1)}+h_2,\ x_3^{(1)}+h_3,\ \cdots,\ x_n^{(1)}+h_n)=0 \qquad (4.31)\\
&\cdots\cdots\cdots\cdots\cdots\cdots\cdots\cdots\cdots\cdots\cdots\cdots\cdots\cdots\\
&f_n(x_1^{(1)}+h_1,\ x_2^{(1)}+h_2,\ x_3^{(1)}+h_3,\ \cdots,\ x_n^{(1)}+h_n)=0
\end{aligned}
$$

式(4.31)をテイラー展開し，1次の項まで近似すると

$$
\begin{aligned}
&f_1(x_1^{(1)}, x_2^{(1)}, x_3^{(1)}, \cdots, x_n^{(1)}) + \left.\frac{\partial f_1}{\partial x_1}\right|_{x_1=x_1^{(1)}} h_1 + \left.\frac{\partial f_1}{\partial x_2}\right|_{x_2=x_2^{(1)}} h_2\\
&\quad + \left.\frac{\partial f_1}{\partial x_3}\right|_{x_2=x_3^{(1)}} h_3 + \cdots + \left.\frac{\partial f_1}{\partial x_n}\right|_{x_n=x_n^{(1)}} h_n = 0\\
&f_2(x_1^{(1)}, x_2^{(1)}, x_3^{(1)}, \cdots, x_n^{(1)}) + \left.\frac{\partial f_2}{\partial x_1}\right|_{x_1=x_1^{(1)}} h_1 + \left.\frac{\partial f_2}{\partial x_2}\right|_{x_2=x_2^{(1)}} h_2\\
&\quad + \left.\frac{\partial f_2}{\partial x_3}\right|_{x_2=x_3^{(1)}} h_3 + \cdots + \left.\frac{\partial f_2}{\partial x_n}\right|_{x_n=x_n^{(1)}} h_n = 0\\
&f_3(x_1^{(1)}, x_2^{(1)}, x_3^{(1)}, \cdots, x_n^{(1)}) + \left.\frac{\partial f_3}{\partial x_1}\right|_{x_1=x_1^{(1)}} h_1 + \left.\frac{\partial f_3}{\partial x_2}\right|_{x_2=x_2^{(1)}} h_2\\
&\quad + \left.\frac{\partial f_3}{\partial x_3}\right|_{x_2=x_3^{(1)}} h_3 + \cdots + \left.\frac{\partial f_3}{\partial x_n}\right|_{x_n=x_n^{(1)}} h_n = 0\\
&\cdots\cdots\cdots\cdots\cdots\cdots\cdots\cdots\cdots\cdots\cdots\cdots\cdots\cdots\\
&f_n(x_1^{(1)}, x_2^{(1)}, x_3^{(1)}, \cdots, x_n^{(1)}) + \left.\frac{\partial f_n}{\partial x_1}\right|_{x_1=x_1^{(1)}} h_1 + \left.\frac{\partial f_n}{\partial x_2}\right|_{x_2=x_2^{(1)}} h_2\\
&\quad + \left.\frac{\partial f_n}{\partial x_3}\right|_{x_3=x_3^{(1)}} h_3 + \cdots + \left.\frac{\partial f_n}{\partial x_n}\right|_{x_n=x_n^{(1)}} h_n = 0 \qquad (4.32)
\end{aligned}
$$

これをベクトル表示で表すと

$$\boldsymbol{f}(\boldsymbol{x}^{(1)}+\boldsymbol{h}) \cong \boldsymbol{f}(\boldsymbol{x}^{(1)}) + \boldsymbol{J}(\boldsymbol{x}^{(1)})\cdot\boldsymbol{h} = 0 \qquad (4.33)$$

$$\boldsymbol{h} = (h_1,\ h_2,\ h_3,\ \cdots,\ h_n) \qquad (4.34)$$

ここで，$\boldsymbol{J}(\boldsymbol{x})$は$\boldsymbol{f}(\boldsymbol{x})$の偏微分係数から作られる行列で**ヤコビアン**（Jacobian）と呼ばれ式(4.35)で定義される。式(4.32)は$\boldsymbol{h}$についての線形連立方程式となる。この連立方程式を解くことにより（解き方は3章参照）補正量$\boldsymbol{h}$を求めることができる。これを用いて2番目の近似値を式(4.36)で求める。

$$\boldsymbol{J}(\boldsymbol{x}) = \begin{bmatrix} \dfrac{\partial f_1}{\partial x_1}, & \dfrac{\partial f_1}{\partial x_2}, & \dfrac{\partial f_1}{\partial x_3}, & \cdots, & \dfrac{\partial f_1}{\partial x_n} \\ \dfrac{\partial f_2}{\partial x_1}, & \dfrac{\partial f_2}{\partial x_2}, & \dfrac{\partial f_2}{\partial x_3}, & \cdots, & \dfrac{\partial f_2}{\partial x_n} \\ \dfrac{\partial f_3}{\partial x_1}, & \dfrac{\partial f_3}{\partial x_2}, & \dfrac{\partial f_3}{\partial x_3}, & \cdots, & \dfrac{\partial f_3}{\partial x_n} \\ \cdots & \cdots & \cdots & \cdots & \cdots \\ \dfrac{\partial f_n}{\partial x_1}, & \dfrac{\partial f_n}{\partial x_2}, & \dfrac{\partial f_n}{\partial x_3}, & \cdots, & \dfrac{\partial f_n}{\partial x_n} \end{bmatrix} \tag{4.35}$$

$$\boldsymbol{x}^{(2)} = \boldsymbol{x}^{(1)} + \boldsymbol{h} \tag{4.36}$$

これを繰り返すことにより k 番目の近似値 $\boldsymbol{x}^{(k)}$ から $k+1$ 番目の近似値 $\boldsymbol{x}^{(k+1)}$ を

$$\boldsymbol{x}^{(k+1)} = \boldsymbol{x}^{(k)} + \boldsymbol{h} \tag{4.37}$$

$$\boldsymbol{f}(\boldsymbol{x}^{(k)}) + \boldsymbol{J}(\boldsymbol{x}^{(k)})\cdot\boldsymbol{h} = 0 \tag{4.38}$$

により順次求めていけば $\boldsymbol{x}^{(k)}$ は解に収束する。この連立非線形方程式のニュートン-ラフソン法による数値解法は，解の近似値を一つ計算するたびにヤコビアンと連立線形方程式を解く必要があり n が大きくなると非常に多くの計算量となる。実際の応用ではこうした連立非線形方程式は非線形連立偏微分方程式の数値解法において用いられる場合が多くその場合にはニュートン-ラフソン法による数値解法は，解の近似値を一つ計算するたびにヤコビアンの形がより簡単になっているのでそれに合わせた効率的な数値解法が種々提案されている。

例として，2 変数 $(x,\ y)$ の連立非線形方程式

$$\begin{cases} x^2 + xy + y^2 - 1 = 0 \\ x - y = 0 \end{cases} \tag{4.39}$$

をニュートン-ラフソン法により解いてみることにする。ヤコビアンは次式で与えられる。

$$\boldsymbol{J}(x,\ y) = \begin{pmatrix} 2x + y, & x + 2y \\ 1, & -1 \end{pmatrix} \tag{4.40}$$

初期の近似値を $(x^{(1)},\ y^{(1)}) = (1,\ 1)$ とすると

$$\boldsymbol{J}(1,\ 1) = \begin{pmatrix} 3, & 3 \\ 1, & -1 \end{pmatrix} \tag{4.41}$$

補正量 $(h_1,\ h_2)$ を求める方程式は

$$\begin{cases} 3h_1 + 3h_2 = -2 \\ h_1 - h_2 = 0 \end{cases} \tag{4.42}$$

となりこれを解いて $(h_1,\ h_2) = (-1/3,\ -1/3)$，これから $(x^{(2)},\ y^{(2)}) = (2/3,\ 2/3)$，以後順次求めていくと

$$(x^{(3)},\ y^{(3)}) = \left(\frac{7}{12},\ \frac{7}{12}\right)$$

$$(x^{(4)},\ y^{(4)}) = \left(\frac{97}{168},\ \frac{97}{168}\right) = (0.57738,\ 0.57738)$$

となり求める解 $(x,\ y) = (1/\sqrt{3},\ 1/\sqrt{3}) = (0.57735,\ 0.57735)$ に急速に収束していく。

4.6　複素数解の数値解法

これまではいずれも解が実数の場合を取り扱ってきた。しかしながら，工学の分野においても，複素数の範囲で根を求める必要がある場合も多く，また，方程式の係数そのものが複素数である場合もある。前節までに述べた方法のうち，反復法，ニュートン-ラフソン法，セカント法はそのまま複素数にも適用可能である。

いま，z を複素数として，複素数の範囲での代数方程式，超越方程式を

$$f(z) = 0 \tag{4.43}$$

とする。i を虚数単位として z および $f(z)$ を実数部と虚数部で表せば

$$z = x + yi \tag{4.44}$$

$$f(z) = u(x,\ y) + v(x,\ y)i \tag{4.45}$$

このように表すと方程式(4.43)は実数の関数についての二つの方程式となる。

$$u(x,\ y)=0, \quad v(x,\ y)=0 \tag{4.46}$$

これは4.5節で述べた実数の範囲での連立非線形方程式（変数が二つ）を解くことにほかならない。このようにして複素数の範囲での数値解を求めることは実数の範囲での2変数の連立非線形方程式を解くことに帰着される。しかしながら，実際には関数 $u(x,\ y)$, $v(x,\ y)$ は非常に複雑となる場合が多く，この方法によることは現実的でない場合も多い。また，Fortranなど多くの計算言語においては，複素数をそのまま取り扱うことができるものが多いので，実数での方法が複素数に拡張できる場合には，複素数平面で計算を行ったほうが，プログラムも簡単になり計算も効率的に行える。以下に，その方法について述べる。

4.1節の反復法は式(4.3)から式(4.6)を複素平面で考えればそのまま複素数の解を求めることが可能である。しかしながら実数の場合でも式の形によって解が求められない場合があったことから考えると複素数の場合にはさらに解が得られない場合が多くなると考えられる。

4.3節のニュートン-ラフソン法は，複素数の場合にも精度よく数値化を求めることのできる方法で，広く用いられている。求め方は，式(4.16)を複素平面で考えて

$$z_{k+1}=z_k-\frac{f(z_k)}{f'(z_k)} \tag{4.47}$$

で順次 z_k を求めていけばよい。しかしながら，この場合にも初期の近似値の z_1 値によっては，解が発散したり，振動して収束しない場合がある。この場合には初期の近似値を変えて改めて計算をやり直せば数値解が求められることが多い。また，複素数の解を求める場合には初期の近似値も複素数にしておかないと，解が収束しなかったり，実数の解しか求まらなかったりする。

例として実数係数の2次方程式

$$z^2+z+1=0 \tag{4.48}$$

の複素数解を求めてみる。式(4.48)の解は複素数であって

$$z = \frac{-1 \pm \sqrt{3}i}{2} \tag{4.49}$$

初期の近似値 z_1 を $z_1 = i$ とおけば

$$z_{k+1} = z_k - \frac{{z_k}^2 + z_k + 1}{2z_k + 1} \tag{4.50}$$

より，$z_2 = -(2/5) + (4/5)i$，$z_3 = -(33/65) + (9/10)i$ となり複素数の解に急速に収束していることがわかる。

4.4 節のセカント法も式(4.22)を複素数の範囲で考え

$$z_{k+1} = z_k - f(z_k)\frac{z_{k-1} - z_k}{f(z_{k-1}) - f(z_k)} \tag{4.51}$$

により数値解を求めることができる。この場合も初期の近似値，z_1，z_2 の与え方が重要となる。複素数の解を求めるためには初期値も複素数にしておく必要がある。

複素数の数値解を求める方法として最もよく用いられるのはこのセカント法を改良した**ミューラー**（Müller）**法**と呼ばれる方法である。この方法では初期の解の近似値として三つの値 z_1，z_2，z_3 を与える。$(z_1, f(z_1))$，$(z_2, f(z_2))$，$(z_3, f(z_3))$ の 3 点を通る 2 次曲線

$$y = \alpha z^2 + \beta z + \gamma \tag{4.52}$$

を求める。すなわち連立 1 次方程式

$$\begin{aligned} f(z_1) &= \alpha {z_1}^2 + \beta z_1 + \gamma \\ f(z_2) &= \alpha {z_2}^2 + \beta z_2 + \gamma \\ f(z_3) &= \alpha {z_3}^2 + \beta z_3 + \gamma \end{aligned} \tag{4.53}$$

を解いて α，β，γ を求め，2 次方程式

$$\alpha z^2 + \beta z + \gamma = 0 \tag{4.54}$$

の 2 根を求め z_3 に近いほうの根を解の近似値 z_4 とする。z_2，z_3，z_4 を用いて同様のことを行い z_5 を求める。これを繰り返し，z_{k-2}，z_{k-1}，z_k を用いて z_{k+1} を順次求めていく。k が大きくなると z_k は複素数解に収束する。このミューラー法では式(4.54)を解く段階で複素数が出てくるので，初期値を複素数にしなくても複素数解が求められる。

4.7　多数の解の求め方

以上に述べた方法を用いることにより，実数ならびに複素数の範囲において，代数方程式，超越方程式の数値解を求めることができる。しかしながら，代数方程式，超越方程式の解は一つとは限らず，多くの解がある場合があり，それらを複数個あるいはすべて求めることが，工学上必要となる場合も多い。数値解が一つ得られれば，それ以外の解を求めることも比較的容易にできる。上に述べたように，数値解の求め方は適当な初期値を与えて，繰返しにより求められる。したがって，初期値を異なる値にしておけば，別の解が得られる可能性がある。しかしながら，初期値を変えても同じ数値解になる場合もある。したがって，一度求めた解が，再び得られることのないようにするにはつぎのような方法が一般に用いられる。

複素数の範囲で考えて，方程式(4.43)の一つの解 r_1 が得られたと仮定する。そのとき，$f(z)$ から次の関数 $f_1(z)$ を作る。

$$f_1(z) = f(z)/(z - r_1) \tag{4.55}$$

この $f_1(z)$ を用いて新たなるつぎの方程式を考える。

$$f_1(z) = 0 \tag{4.56}$$

方程式(4.56)について新たに数値解を求めれば，r_1 を重複して求めることなく新たな解が求められる。特にニュートン-ラフソン法を用いる場合にはつぎの式が成り立つので，プログラムを組むうえでも便利である。

$$\frac{f_1'(z)}{f_1(z)} = \frac{f'(z)}{f(z)} - \frac{1}{(z - r_1)} \tag{4.57}$$

代数方程式の場合には，解の個数もわかっており，$f_1(z)$ もより簡単に求められる。$f(z)$ が n 次式

$$f(z) = a_0z^n + a_1z^{n-1} + \cdots + a_{n-1}z + a_n \tag{4.58}$$

であれば，$f_1(z)$ は（$n - 1$）次式

$$f_1(z) = b_0z^{n-1} + b_1z^{n-2} + \cdots + b_{n-2}z + b_{n-1} \tag{4.59}$$

であり，式(4.55)より容易に係数間のつぎの関係式が得られる。

$$
\begin{aligned}
&b_0 = a_0 \\
&b_k = a_k + b_{k-1}r_1 \qquad (k = 1,\ 2,\ \cdots,\ n-1)
\end{aligned}
\tag{4.60}
$$

式(4.58)の係数が実数の場合には，r_1 が複素数の解

$$r_1 = e + di \tag{4.61}$$

なら複素共役数

$$\bar{r}_1 = e - di \tag{4.62}$$

も解であるので，$f(z)$ は 2 次因子 $z^2 + pz + q$ で割り切れる。ここで

$$
\begin{aligned}
&p = 2e \\
&q = e^2 + d^2
\end{aligned}
\tag{4.63}
$$

この場合，$f_1(z)$ は $(n-2)$ 次式

$$f_1(z) = c_0 z^{n-2} + c_1 z^{n-3} + \cdots + c_{n-3}z + c_{n-2} \tag{4.64}$$

となり，係数間にはつぎの関係が成り立つ。

$$
\begin{aligned}
&c_0 = a_0 \qquad c_1 = a_1 - pc_0 \\
&c_k = a_k - pc_{k-1} - qc_{k-2} \qquad (k = 2,\ \cdots,\ n-2)
\end{aligned}
\tag{4.65}
$$

このようにして，代数方程式，超越方程式の数値解をつぎつぎに求めることが可能である。ただし，代数方程式の場合には解の数がわかっているが，超越方程式の場合には，解の数は一般にはわからない。

5

曲線の当てはめ

工学においては，実験点を簡単な関数形で表される曲線で近似したり，複雑な関数を簡単な関数に近似することがしばしば必要となってくる。これが曲線の当てはめと呼ばれるものであり，数値解析において重要な手法の一つである。特に実験データを曲線に当てはめる数値解析手法は工学上重要である。この手法は，コンピュータが現れる以前から，実験データを整理して相関式を求めたり，理論を実証するために手計算で行う方法として開発されていたが，コンピュータの出現によって，大量のデータを処理することが可能となり，その重要性が増し，さまざまな方法が開発されてきている。本章ではその基本となる数値解析手法について述べる。

5.1　最小 2 乗法による実験データの当てはめ（1 次式）

工学においてある法則を求めようとして実験を行い，二つの物理量 x と y に関して m 個のデータ $(x_i,\ y_i)(i=1\sim m)$ が得られたとしよう。この実験データをもとに，x と y の関係を設計式として求めたい場合がある。また，理論により，x と y の間にある関数関係があることが予測されているときそれをこの実験データで確かめるとともに，理論では決定できない定数を実験データから求めたい場合もある。いずれの場合も，x と y の間にある関係式を仮定し（いくつかの未定係数を含む），適当な判定条件を用いて，実験データをこの関係式に当てはめる方法が用いられる。この判定条件としてはいくつかのものが考えられるが，最も一般に用いられるのが最小 2 乗法と呼ばれる方法である。

いま，最も簡単なケースとして（そして最も重要なケースとして）x と y が直線関係にあるとする。すなわち

$$y = ax + b \tag{5.1}$$

実験データは**図 5.1** のようにほぼ直線関係にあるとみなせるとき，実験データを最もよく近似するように，a，b を定める方法として，実験データと式(5.1)の偏差の 2 乗の和が最小となるようにするものが最小 2 乗法である。

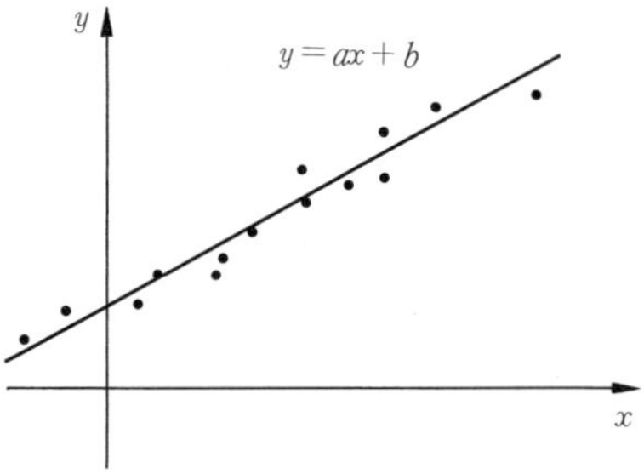

図 5.1　最小 2 乗法による直線の当てはめ

実験点と式(5.1)の偏差 s_i は次式で定義される。

$$s_i = y_i - (ax_i + b) \tag{5.2}$$

このとき

$$s^2 = \sum_{i-1}^{m} s_i^2$$
$$= \sum_{i=1}^{m} \{y_i - (ax_i + b)\}^2 \tag{5.3}$$

を最小にするように a，b を決定する。これは，つぎの条件により得られる。

$$\frac{\partial s^2}{\partial a} = 0 \qquad \frac{\partial s^2}{\partial b} = 0 \tag{5.4}$$

式(5.3)の右辺を具体的に書くと

$$s^2 = \sum_{i=1}^{m} y_i^2 + a^2 \sum_{i=1}^{m} x_i^2 + mb^2 - 2a \sum_{i=1}^{m} x_i y_i - 2b \sum_{i=1}^{m} y_i + 2ab \sum_{i=1}^{m} x_i \tag{5.5}$$

式(5.4)から

$$
\begin{aligned}
a\sum_{i=1}^{m}{x_i}^2 + b\sum_{i=1}^{m}x_i &= \sum_{i=1}^{m}x_iy_i \\
a\sum_{i=1}^{m}x_i + mb &= \sum_{i=1}^{m}y_i
\end{aligned}
\tag{5.6}
$$

これから

$$
a = \frac{m\sum_{i=1}^{m}x_iy_i - \left(\sum_{i=1}^{m}x_i\right)\left(\sum_{i=1}^{m}y_i\right)}{m\sum_{i=1}^{m}{x_i}^2 - \left(\sum_{i=1}^{m}x_i\right)^2},\quad b = \frac{\sum_{i=1}^{m}y_i\sum_{i=1}^{m}{x_i}^2 - \sum_{i=1}^{m}x_i\sum_{i=1}^{m}x_iy_i}{m\sum_{i=1}^{m}{x_i}^2 - \left(\sum_{i=1}^{m}x_i\right)^2}
\tag{5.7}
$$

こうして求められる式(5.1)の直線への実験データの当てはめは，最も簡単なものであるが実用上最も重要である。多くの実験相関式は式(5.1)の変形として求められる。例えばつぎのような関係式はいずれも適当な変数変換により，式(5.1)の1次式の形に変換することができる。

$$
y = a\frac{1}{x} + b \tag{5.8}
$$

($X = 1/x$ とおけば $y = aX + b$)

$$
y = \frac{1}{ax + b} \tag{5.9}
$$

($Y = 1/y$ とおけば $Y = ax + b$)

$$
y = \frac{x}{ax + b} \tag{5.10}
$$

($Y = x/y$ とおけば $Y = ax + b$)

$$
y = ax^b \tag{5.11}
$$

(両辺の対数をとって $Y = \log y$，$X = \log x$ とおけば $Y = \log a + bX$)

$$
y = ae^{bx} \tag{5.12}
$$

(両辺の対数をとって $Y = \log y$ とおけば $Y = \log a + bx$)

$$
y = ab^x \tag{5.13}
$$

(両辺の対数をとって $Y = \log y$ とおけば $Y = \log a + x\log b$)

したがって，実験データをグラフにプロットして大まかの関係を予測するか，理論式などにより関係式の形がわかっていれば，それに従って変数変換を行い，再びグラフにプロットして直線関係が見られれば，最小 2 乗法を用いて，係数 a，b を定めることができる。実際ほとんどの実験データにおける二つの変量の間の関係は上述のいずれかの関係式による近似ができる場合が多い。

さて，実験データが式(5.1)によって最小 2 乗近似される場合でも，非常によく直線関係を満たす場合と，非常にばらつきの大きい場合がある。したがって，その直線関係へ近似の度合いを表す指標として次式で定義される相関係数 γ が用いられる。

$$\gamma = \frac{\sum_{i=1}^{m}(x_i - \bar{x})(y_i - \bar{y})}{\left(\sum_{i=1}^{m}(x_i - \bar{x})^2\right)^{1/2}\left(\sum_{i=1}^{m}(y_i - \bar{y})^2\right)^{1/2}} \tag{5.14}$$

$$\left(\bar{x} = \frac{1}{m}\sum_{i=1}^{m}x_i \qquad \bar{y} = \frac{1}{m}\sum_{i=1}^{m}y_i\right)$$

この γ が -1 または 1 に近付くほど直線への相関が強く，0 に近付くほど直線からのずれが大きくなる。

5.2　最小 2 乗法による実験データの当てはめ（多項式）

前節で述べた方法は最小 2 乗法による曲線の当てはめの基本であるがすべての実験データが式(5.1)の形（あるいは式(5.8)～(5.13)の形）に近似されるとは限らず，より複雑な関数になる場合もある。上述の 1 次式への最小 2 乗近似の方法を拡張したものとして，多項式

$$y = a_0 + a_1x^1 + \cdots + a_{n-1}x^{n-1} + a_nx^n = \sum_{j=0}^{n}a_jx^j \tag{5.15}$$

に実験データを最小 2 乗近似させる方法も上記と同様な方法で行うことが可能である。ただし，式(5.15)では係数が $n+1$ 個あるのでデータ点 m は少なくとも $n+1$ 以上でなければならない。式(5.15)について式(5.2)に対応する 2 乗の偏差の和を求めると

$$s^2 = \sum_{i=1}^{m}\left(y_i - \sum_{j=0}^{n} a_j x_i^{\,j}\right)^2 \tag{5.16}$$

s^2 が最小になる条件は

$$\frac{\partial s^2}{\partial a_k} = \frac{\partial}{\partial a_k}\sum_{i=1}^{m}\left(y_i - \sum_{j=0}^{n} a_j x_i^{\,j}\right)^2 = 0 \qquad (k = 0 \sim n) \tag{5.17}$$

これを $a_j\,(j = 0 \sim n)$ について整理するとつぎの式が得られる。

$$\sum_{j=0}^{n}\left(\sum_{i=1}^{m} x_i^{\,k+j}\right) a_j = \sum_{i=1}^{m} y_i x_i^{\,k} \qquad (k = 0 \sim n) \tag{5.18}$$

ここで

$$c_{kj} = \sum_{i=1}^{m} x_i^{\,k+j} \qquad (k = 0 \sim n,\ j = 0 \sim n) \tag{5.19}$$

$$d_k = \sum_{i=1}^{m} y_i x_i^{\,k} \qquad (k = 0 \sim n) \tag{5.20}$$

とおくと式(5.18)は

$$\begin{array}{l} c_{00}a_0 + c_{01}a_1 + \cdots + c_{0n}a_n = d_0 \\ c_{10}a_0 + c_{11}a_1 + \cdots + c_{1n}a_n = d_1 \\ \cdots\cdots\cdots\cdots\cdots\cdots\cdots\cdots\cdots\cdots \\ c_{n0}a_0 + c_{n1}a_1 + \cdots + c_{nn}a_n = d_n \end{array} \tag{5.21}$$

となり，$a_j\,(j = 0 \sim n)$ についての（$n + 1$）元線形連立 1 次方程式となる。これは，3 章において述べた方法により容易に解くことができ，実験データを n 次式に当てはめることができる。実用的には 2 次式，3 次式程度の当てはめがほとんどであり，高次式を用いることはあまりない。

5.3　最小 2 乗法による実験データの当てはめ（多変数）

工学上の物理量の間の関係はけっして二つの物理量の間の関係式に限られたわけではなく，多くの物理量の間の関係として表される場合が多い。例えば，物理量 z が物理量 x と y の間の線形関係式

$$z = ax + by + c \tag{5.22}$$

あるいは，指数関係式

$$z = cx^a y^b \tag{5.23}$$

のように与えられる場合も多い。このような場合に m 個の実験データの組 $(x_i,\ y_i,\ z_i)(i = 1 \sim m)$ から式(5.22)や式(5.23)に実験データを当てはめ，係数，指数 a，b，c を決定する必要がある。物理量の間に線形の関係式あるいは線形関係式に変換できる（式(5.23)は両辺の対数をとれば式(5.22)と等価の線形関係式となる）場合には前節で述べたのと同様の最小2乗近似による当てはめが容易に行える。

いま，n 個の変数 $x_j(j = 1 \sim n)$ と y の間につぎの線形関係式が成り立つ場合

$$y = a_0 + a_1 x_1 + \cdots + a_{n-1} x_{n-1} + a_n x_n = \sum_{j=0}^{n} a_j x_j,\quad x_0 = 1 \tag{5.24}$$

m 個のデータの組 $(x_{1,i},\ x_{2,i},\ \cdots,\ x_{n,i},\ y_i)(i = 1 \sim m)$ を式(5.24)に最小2乗法で当てはめることを考える。もちろんこの場合にも，決定すべき係数 a_j $(j = 0 \sim n)$ の数が $(n+1)$ 個あるのでデータ点 m は少なくとも $(n+1)$ でなければならない。

この場合2乗偏差は

$$s^2 = \sum_{i=1}^{m}\left(y_i - \sum_{j=0}^{n} a_j x_{j,i}\right)^2 \tag{5.25}$$

であるのでこれを最小にする条件は

$$\frac{\partial s^2}{\partial a_k} = \frac{\partial}{\partial a_k}\sum_{i=1}^{m}\left(y_i - \sum_{j=0}^{n} a_j x_{j,i}\right)^2 = 0 \qquad (k = 0 \sim n) \tag{5.26}$$

これを $a_j(j = 0 \sim n)$ について整理するとつぎの式が得られる。

$$\sum_{j=0}^{n}\left(\sum_{i=1}^{m} x_{k,i} x_{j,i}\right) a_j = \sum_{i=1}^{m} y_i x_{k,i} \qquad (k = 0 \sim n) \tag{5.27}$$

したがって

$$c_{kj} = \sum_{i=1}^{m} x_{k,i} x_{j,i} \qquad (k = 0 \sim n,\ j = 0 \sim n) \tag{5.28}$$

$$d_k = \sum_{i=1}^{m} y_i x_{k,i} \qquad (k = 0 \sim n) \tag{5.29}$$

とおけば，式(5.21)と同様の $a_j(j = 0 \sim n)$ についての $(n+1)$ 元線形連立

1 次方程式となる。ただし，上の式において $x_{0,i}=1$ とする。これは，3 章において述べた方法により容易に解くことができ，実験データを n 個の変数の線形関係式(5.24)に当てはめることができる。

5.4　最小 2 乗法による実験データの当てはめ（非線形関係式）

工学上の物理量の関係式は上述のように線形の関係式およびそれに変換できる関係式で必ずしも表されるとは限らない。つぎのような非線形の関係式になる場合もしばしばある。

$$y = a + bx + ce^{dx} \tag{5.30}$$

$$y = a + bx + cx^{d} \tag{5.31}$$

$$y = ae^{bx} + ce^{dx} \tag{5.32}$$

$$y = ax^{b} + cx^{d} \tag{5.33}$$

こうした非線形の関係式の場合には前節までの最小 2 乗法を適用することは非常に困難になる。しかしながら，こうした非線形の関係式も，各項が分離できれば比較的簡単に最小 2 乗法で当てはめができる。

例として式(5.32)のような二つの指数関数の組み合わさった関数を考える。いま，b，d ともに負であるとすると，これは 2 種類の指数関数的な減衰が組み合わさった現象を表すことになる。これは，放射性物質の減衰など，工学においてよく現れる形の関数形である。もし，b と d の値がある程度異なっていれば絶対値の大きいほうが早く減衰するので x の大きいところは指数の絶対値の小さいほうのみが残ることになる。すなわち，$|b|>|d|$ とすれば x の大きいところでは

$$y \cong ce^{dx} \tag{5.34}$$

とみなせるので，式(5.34)で近似できる範囲の実験データ $(y_i,\ x_i)$ について最小 2 乗法により c，d を求め，つぎに実験データから式(5.34)の部分を引いたデータ，すなわち

$$(y_i - ce^{dx},\ x_i)$$

については

$$y \cong ae^{bx} \tag{5.35}$$

で近似できるはずであるので，最小2乗法により a，b を求めることができる。

具体例として**図5.2**に示されるような実験データを考える。図からもわかるように x が2以上では実験データは明らかに指数関数的減衰をしていることがわかるので，この領域のデータについて最小2乗近似により，式(5.34)への当てはめを行えば

$$y \cong 2.5e^{-0.8x} \tag{5.36}$$

となる。そこで，実験データから式(5.36)の分を引いた

$$(y_i - 2.5e^{-0.8x_i},\ x_i)$$

を再びプロットすると**図5.3**のようになる。

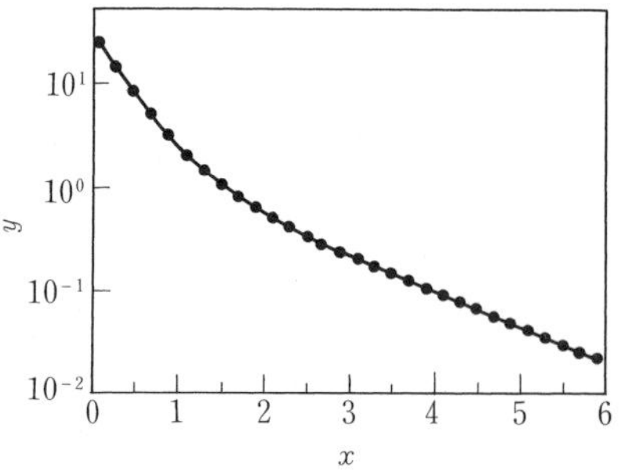

図5.2　二つの指数関数からなるデータ

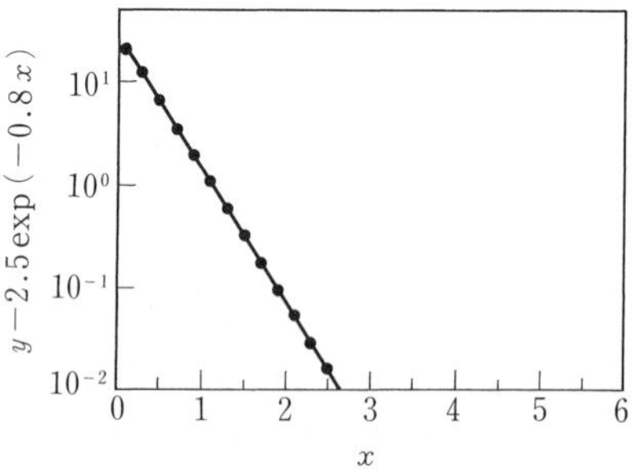

図5.3　二つの指数関数へのデータの当てはめ

このようにすると x が2以下のところでも実験データは指数関数で近似できることがわかるので，これから最小2乗法により a，b を求めると

$$y \cong 30.0e^{-3.0x} \tag{5.37}$$

となる。以上から，図5.2の実験データは

$$y = 30.0e^{-3.0x} + 2.5e^{-0.8x} \tag{5.38}$$

の式の形に当てはめることができる。

このようにして非線形の関係式への実験データの当てはめも可能であり，式

(5.30) から式(5.33) のほかの形の非線形の関係式についても，ある領域で一つの項がほかの項に比べて十分大きければ，その項を分離して最小 2 乗法により，実験データの当てはめができる。ただし，この場合には，上の例で見たように，実験点を適当なスケールでグラフにプロットし，近似曲線に当てはめることのできる領域の実験データを選択する操作が必要となる。これらを含めて数値的に最小 2 乗法により実験データの当てはめを行う方法もあるが，ここで述べた方法を使うほうがはるかに簡単である。

5.5 最小 2 乗法による実験データの当てはめ（周期関数，フーリエ変換）

工学上の物理量は周期的な性質をもつものが少なくない，こうした現象を実験データから解析するためには，実験データを三角関数の級数（フーリエ級数）に当てはめて解析する方法が用いられる。このフーリエ級数の基本周期を長くしていくと，言い換えると基本周波数（周期の逆数）を小さくしていくと，周波数は近似的に連続的とみなせるようになる。これが周波数分析（フーリエ変換）である。数値解析ではつねに離散的な量を扱うので，フーリエ級数による解析と，フーリエ変換は基本周期の長さが異なるだけで，計算の方法はまったく同じである。ただし，フーリエ変換の場合には，データ点が非常に多くなり計算量も膨大になるので，計算を工夫して高速にフーリエ変換を行う方法が開発されている。これが**高速フーリエ変換**（fast Fourier transfer, FFT）である。

周期関数は時間的な信号を取り扱うことが多いので，理解の容易さのため，ここでは時間 t に対する関数を考える。すなわち

$$y = f(t) \tag{5.39}$$

$f(t)$ が周期 T の周期関数であるとき，$f(t)$ はフーリエ級数で表すことができる。

$$y = f(t) = a_0 + \sum_{n=1}^{\infty}\left(a_n\cos\frac{2\pi nt}{T} + b_n\sin\frac{2\pi nt}{T}\right) \tag{5.40}$$

ここで，係数 a_n，b_n はつぎのように与えられる。

$$a_0 = \frac{1}{T}\int_0^T f(t)dt \tag{5.41}$$

$$a_n = \frac{2}{T}\int_0^T f(t)\cos\frac{2\pi nt}{T}dt \qquad (n = 1 \sim \infty) \tag{5.42}$$

$$b_n = \frac{2}{T}\int_0^T f(t)\sin\frac{2\pi nt}{T}dt \qquad (n = 1 \sim \infty) \tag{5.43}$$

いま，N 個の時間とその時刻における物理量の値についての実験データの組 $(t_i,\ y_i)(i = 0 \sim N-1)$ が与えられているとする。簡単のため，時刻 t_i は等間隔 Δt とし

$$t_i = i\Delta t \tag{5.44}$$

$$\Delta t = \frac{T}{N} \tag{5.45}$$

で定義され，この信号は周期 T で繰り返されるものとする。このとき，この実験データはフーリエ級数に当てはめることができる。もちろん，数値解析では無限級数ではなく有限の m 項までで近似する。すなわち

$$y = f(t) = a_0 + \sum_{n=1}^{m}\left(a_n\cos\frac{2\pi nt}{T} + b_n\sin\frac{2\pi nt}{T}\right) \tag{5.46}$$

このとき $a_0 \sim a_m$，$b_1 \sim b_m$ を実験データから決定するには前節までと同じく最小 2 乗法を用いればよい。すなわち

$$\begin{aligned} s^2 &= \sum_{i=1}^{N}(y_i - f(t_i))^2 \\ &= \sum_{i=1}^{N}\left[y_i - \left\{a_0 + \sum_{n=1}^{m}\left(a_n\cos\frac{2\pi nt_i}{T} + b_n\sin\frac{2\pi nt_i}{T}\right)\right\}\right]^2 \end{aligned} \tag{5.47}$$

s^2 を最小にするように $a_0 \sim a_m$，$b_1 \sim b_m$ を次式より求める。

$$\frac{\partial s^2}{\partial a_k} = 0 \qquad (k = 0 \sim N) \tag{5.48}$$

$$\frac{\partial s^2}{\partial b_k} = 0 \qquad (k = 1 \sim N) \tag{5.49}$$

こうして求めた $a_0 \sim a_m$，$b_1 \sim b_m$ の値は，式(5.41)から式(5.43)を用いて求めたもの（ただし，数値積分したもの）と一致する。

$$a_0 = \frac{1}{T}\int_0^T f(t)dt \cong \frac{1}{T}\sum_{i=0}^{N-1} y_i \varDelta t = \frac{1}{N}\sum_{i=0}^{N-1} y_i \tag{5.50}$$

$$\begin{aligned} a_n &= \frac{2}{T}\int_0^T f(t)\cos\frac{2\pi nt}{T}dt \cong \frac{2}{T}\sum_{i=0}^{N-1} y_i \cos\frac{2\pi nt_i}{T}\varDelta t \\ &= \frac{2}{N}\sum_{i=0}^{N-1} y_i \cos\frac{2\pi nt_i}{T} \qquad (n = 1 \sim m) \end{aligned} \tag{5.51}$$

$$\begin{aligned} b_n &= \frac{2}{T}\int_0^T f(t)\sin\frac{2\pi nt}{T}dt \cong \frac{2}{T}\sum_{i=0}^{N-1} y_i \sin\frac{2\pi nt_i}{T}\varDelta t \\ &= \frac{2}{N}\sum_{i=0}^{N-1} y_i \sin\frac{2\pi nt_i}{T} \qquad (n = 1 \sim m) \end{aligned} \tag{5.52}$$

ただし，係数の数は少なくともデータの数より小さくなければならないから

$$N \geqq (2m + 1) \tag{5.53}$$

でなければならない。実際には式(5.50)から式(5.52)の近似が成り立つためには N は $(2m+1)$ よりかなり大きい必要がある。

このようにして，実験データのフーリエ級数への当てはめは最小2乗法を用いて比較的簡単に計算することができる。ただし，上述の例からわかるように，その計算量はかなり大きくなる。もし

$$N = (2m + 1) \tag{5.54}$$

の条件（データを目一杯使う）では計算の量は N^2 に比例して増えていく。またデータと係数を格納するために N 個のメモリが必要となる。これはデータ点数が増えていくと膨大な計算量とメモリ容量を必要とすることになる。そのため式(5.51)～式(5.53)までの計算方法を工夫してより少ない計算回数で高速にフーリエ級数を求める方法が考案されている。

基本周期 T が比較的に小さい場合には次式で定義される基本周波数 f_0 は大きい。

$$f_0 = \frac{1}{T} \tag{5.55}$$

したがって，フーリエ級数（式(5.46)）に含まれる周波数は間隔 $\varDelta f$ の大き

くあいたとびとびの値となる。

f_0, $2f_0$, $3f_0$, $4f_0$, $\cdots$, mf_0

ここで，周波数の間隔は次式で定義される。

$$\Delta f = \frac{1}{T} = f_0 \tag{5.56}$$

いま T を十分大きくとり，それに伴って N も十分大きくとって，m も大きくすると，周波数の間隔 Δf は非常に小さくなり，式(5.46)のフーリエ級数は周期的な実験データ $(t_i,\ y_i)\ (i = 0 \sim N-1)$ に含まれる周波数成分の連続的な分布を近似的に与えることになる。すなわち，これはフーリエ変換であり周波数分析となる。

$$\begin{aligned} y = f(t) &= a_0 + \sum_{n=1}^{m}\left(a_n \cos\frac{2\pi nt}{T} + b_n \sin\frac{2\pi nt}{T}\right) \\ &= \sum_{n=0}^{m}(a_n \cos 2\pi n\Delta ft + b_n \sin 2\pi n\Delta ft) \\ &\cong \int_0^{m\Delta f}(a(f)\cos 2\pi ft + b(f)\sin 2\pi ft)df \\ &\cong \int_0^{\infty}(a(f)\cos 2\pi ft + b(f)\sin 2\pi ft)df \end{aligned} \tag{5.57}$$

ここで

$$\begin{aligned} &f = n\Delta f \\ &a(f)\Delta f = a_n, \quad b(f)\Delta f = b_n \\ &b_0 = 0 \end{aligned} \tag{5.58}$$

ただし，この場合式(5.57)の近似が成り立つためには，N は非常に大きい必要があり，その場合先に述べたように式(5.51)，(5.52)で a_n，b_n を求める計算量は膨大になり，そのままの計算を行うのはあまり現実的ではない。そこでつぎのような計算上の工夫を行う。

いま，式(5.51)，(5.52)の a_n，b_n から複素数のフーリエ級数の係数 z_n を次式で定義する。

$$z_n = a_n + ib_n \qquad (\text{ただし，} i \text{ は虚数単位}) \tag{5.59}$$

これより

$$z_n = a_n + ib_n = \frac{2}{N}\sum_{j=0}^{N-1} y_j \cos\frac{2\pi n t_j}{T} + i\frac{2}{N}\sum_{j=0}^{N-1} y_j \sin\frac{2\pi n t_j}{T}$$

$$= \frac{2}{N}\sum_{j=0}^{N-1} y_j\left(\cos\frac{2\pi n t_j}{T} + i\sin\frac{2\pi n t_j}{T}\right)$$

$$= \frac{2}{N}\sum_{j=0}^{N-1} y_j \exp\left(i\frac{2\pi n t_j}{T}\right) \tag{5.60}$$

ただし，関係式

$$\exp(ix) = \cos x + i\sin x \tag{5.61}$$

を用いた。ここで t_j が等間隔であるとすると

$$t_j = j\Delta t = \frac{jT}{N} \tag{5.62}$$

だから，式(5.60)はつぎのようになる。

$$z_n = \frac{2}{N}\sum_{j=0}^{N-1} y_j \exp\left(i\frac{2\pi n t_j}{T}\right) = \frac{2}{N}\sum_{j=0}^{N-1} y_j \exp\left(i\frac{2\pi n j}{N}\right) \tag{5.63}$$

いま，N が二つの整数 R，S の積で表されるとする。

$$N = RS \tag{5.64}$$

このとき，n，j を R，S の剰余で表すと

$$\begin{aligned} n &= n_0 R + n_1 \qquad (n_0 = 0 \sim (S-1),\ n_1 = 0 \sim (R-1)) \\ j &= j_0 S + j_1 \qquad (j_0 = 0 \sim (R-1),\ j_1 = 0 \sim (S-1)) \end{aligned} \tag{5.65}$$

n は n_0，n_1 で，j は j_0，j_1 で与えられるから

$$\begin{aligned} z_n &= z(n_0,\ n_1) \\ y_j &= y(j_0,\ j_1) \end{aligned} \tag{5.66}$$

と表すと

$$z_n = z(n_0,\ n_1) = \sum_{j_0=0}^{R-1}\sum_{j_1=0}^{S-1} y(j_0,\ j_1)\exp\left(i\frac{2\pi(n_0R + n_1)(j_0S + j_1)}{N}\right) \tag{5.67}$$

ここで

$$\exp\left(i\frac{2\pi(n_0R + n_1)(j_0S + j_1)}{N}\right)$$

$$= \exp\left(i\frac{2\pi(n_0R + n_1)j_1}{N}\right)\exp\left(i\frac{2\pi n_1 j_0 S}{N}\right)\exp\left(i\frac{2\pi n_0 j_0 RS}{N}\right)$$

$$= \exp\left(i\frac{2\pi(n_0R + n_1)j_1}{N}\right)\exp\left(i\frac{2\pi n_1 j_0 S}{N}\right) \tag{5.68}$$

ただし，式(5.64)より

$$\exp\left(i\frac{2\pi n_0 j_0 RS}{N}\right) = \exp(i2\pi n_0 j_0)$$
$$= 1 \tag{5.69}$$

を用いた。式(5.68)を用いて式(5.67)を書き直すと

$$z_n = z(n_0,\ n_1)$$
$$= \sum_{j_1=0}^{R-1}\left\{\sum_{j_0=0}^{S-1} y(j_0,\ j_1)\exp\left(i\frac{2\pi n_1 j_0 S}{N}\right)\right\}\exp\left(i\frac{2\pi(n_0R + n_1)j_1}{N}\right) \tag{5.70}$$

このようにすると z_n を計算するのに必要な計算の回数は（$R + S$）回となり，式(5.51)，(5.52)から直接計算する場合（N 回）に比べてかなり小さくなり，高速にフーリエ級数の係数を計算できる。これは，N，T を非常に大きくしたフーリエ変換の場合に特に有効であり，この方法を用いるものを高速フーリエ変換と呼ぶ。実際には N を式(5.64)のように二つの整数の積で因数分解するのではなく，より多くの因数で分解し，計算回数をより小さくする手法が用いられている。

5.6　関　数　近　似

前節まででは，おもに実験データを曲線に当てはめたり，フーリエ級数に当てはめたりすることを説明してきたが，工学においては，実験データだけでなく，数学的に表されるさまざまな複雑な関数を簡単な関数に当てはめる（近似する）ことが必要となる場合が多い。すなわち関数

$$y = f(x) \tag{5.71}$$

が数学的に与えられているが，それが超越関数などの複雑な関数である場合に，ある適当な区間で，1 次関数やそれに変換できる関数（式(5.8)〜(5.13)），あるいは多項式，有理関数で近似したい場合がある。また，5.5 節で述べたフーリエ級数やフーリエ変換を求めたい場合もしばしば生じる。こう

した場合にも，これまでに述べたような，実験データの場合と同じ最小2乗法をまったく同様に用いることができる。数値解析の場合には実験データであれ，解析的な関数であれ，取り扱えるのは有限の個数の数値である。したがって，解析的に与えられている関数についても，有限個の関数値を用いて関数の近似を行う。ただし実験データと違い，対象としている変数域では任意の値について関数値を求めることができるので，数値の組の選び方は，最小2乗法で計算が行いやすいようにすることが可能である。

例えば，ある超越関数の複雑な組合せで与えられる関数（式(5.71)）をある区間$[u, w]$で多項式(5.15)に近似しようとする場合には区間$[u, w]$内のm個の関数値の組$(x_i, y_i = f(x_i))(i = 1 \sim m)$を計算し，これについて最小2乗法で当てはめを行えばよい。x_iの選び方は任意にできるので，例えば等間隔に選んだり，関数の変化の大きいところで細かく，変化の小さいところで粗く選ぶことも可能である。

また，解析的な関数の中には，前節までの，最小2乗法での当てはめが難しいような関数も少なくない。こうした関数を簡単な関数で近似する方法として有理関数近似があり，その代表的なものとして，Pade 近似と連分数展開がある。

Pade 近似は$f(x)$がべき級数に展開できる場合に用いられる。すなわち

$$f(x) = \sum_{i=0}^{\infty} c_i x^i \tag{5.72}$$

と表されるとき，$f(x)$を次式のような多項式の比で近似するものである。

$$f(x) = \sum_{i=0}^{\infty} c_i x^i \cong \frac{\sum_{k=0}^{m} b_k x^k}{\sum_{j=0}^{n} a_j x^j} \tag{5.73}$$

式(5.73)の両辺に$\sum_{j=0}^{n} a_j x^j$をかけ，$x^s (s = 0 \sim (m + n))$の係数を比較することによりつぎの関係式が得られる。

$$\left(\sum_{j=0}^{s} a_j c_{s-j}\right) - b_s = 0 \qquad (s = 0 \sim m)$$
$$\sum_{j=0}^{n} a_j c_{s-j} = 0 \qquad (s = (m+1) \sim (m+n)) \tag{5.74}$$

式(5.74)の第2式はつぎのように書けば

$$\sum_{j=1}^{n} a_j c_{s-j} = -a_0 c_s \qquad (s = (m+1) \sim (m+n)) \tag{5.75}$$

式(5.75)は $a_1 \sim a_n$ についての連立1次方程式となるので3章の方法を用いて解くことができる。ここで a_0 は任意に与えることができるので例えば1としておけばよい。$a_1 \sim a_n$ が求まれば式(5.74)の第1式を用いて $b_1 \sim b_m$ を求めることができ，$f(x)$ を式(5.73)のような有理関数（多項式の比）で近似することができる。

つぎに連分数展開は $f(x)$ と展開の中心となる定点 $x = \alpha$ から a_0，a_1，…および $f_1(x)$，$f_2(x)$，…をつぎの式で順次求めていくことによって得られる。

$$a_0 = f(\alpha)$$
$$f_1(x) = \frac{x-\alpha}{f(x)-a_0} \tag{5.76}$$

$$a_j = f_j(\alpha)$$
$$f_{j+1}(x) = \frac{x-\alpha}{f_j(x)-a_j} \tag{5.77}$$

こうすれば，$f(x)$ はつぎのように連分数で表すことができる。

$$f(x) = a_0 + \cfrac{x-\alpha}{a_1 + \cfrac{x-\alpha}{a_2 + \cdots}} \tag{5.78}$$

これを a_k までで打ち切れば式(5.78)は有理関数となる。

以上のようにして，複雑な形の関数を，簡単な有理関数で表すことができる。この方法は工学においては，設計に用いる相関式，あるいは，理論解析における近似方法としてさまざまな場合に用いられる。

6

数値微分・数値積分

本章では，ある関数 $f(x)$ が数式で与えられた場合に，数値微分・数値積分を行う場合の方法について述べる．まず 6.1 節では，数値微分として $f(x)$ が解析的には微分が難しい場合，あるいは関数 $f(x)$ の値が離散的にしか与えられていない場合に，$x = a$ における微分係数 $f'(a)$ を数値的に求める方法について述べる。これらの方法には大きく分けて 2 通りあり，差分近似により数値的に計算する方法と，補間公式により $f(x)$ を関数に近似してその微分値を求める方法である。実際の工学的な問題においては，数値解析を行う場合や実験データから近似解を求める場合など，どちらの場合にも遭遇する場面が多いと考えられる。本章ではそれらの方法の代表的な例について説明する。また，関数が与えられた場合に微分は可能でも積分を行うことは難しく，数値的に積分を行う必要が生じることも多い。このような場合には，コンピュータを用いて数値的，近似的に積分値を算出する必要がある。6.2 節では，そのような数値積分を行う場合の代表的な方法とその誤差について，また多重積分を行う場合の例について説明する。

6.1 数 値 微 分

6.1.1 差分法を用いる場合

関数 $g(x)$ を考えた場合，$x = a$ における微分係数 $g'(a)$ は定義式より以下のように書くことができる。

$$g'(a) = \lim_{h \to 0} \frac{g(a+h) - g(a)}{h} \tag{6.1}$$

ここで，h は刻み幅である。関数 $g'(x)$ を差分近似する場合に，以下のような代表的な方法がある。

前進差分近似

$$g'(a) = \frac{g(a+h) - g(a)}{h} \tag{6.2}$$

中心差分近似

$$g'(a) = \frac{g(a+h) - g(a-h)}{2h} \tag{6.3}$$

後退差分近似

$$g'(a) = \frac{g(a) - g(a-h)}{h} \tag{6.4}$$

ここで，刻み幅 h が大きすぎると $g'(a)$ の精度が悪いのは明らかであるが，h を小さくしすぎても，数値解析的には近似精度が悪くなる。これは，前者は打切り誤差のためであり，後者は丸め誤差のためであることをまず知っておいていただきたい。また，前記の差分近似式は以下のような方法でも求めることができる。例えば，$g(x+h)$ と $g(x-h)$ をテイラー展開すると

$$g(x+h) = g(x) + hg'(x) + \frac{h^2}{2!}g''(x) + \frac{h^3}{3!}g'''(x) + O(h^4) \tag{6.5}$$

$$g(x-h) = g(x) - hg'(x) + \frac{h^2}{2!}g''(x) - \frac{h^3}{3!}g'''(x) + O(h^4) \tag{6.6}$$

となる。ここで $O(h^k)$ は h^k 以上の高次項の和を表すとする。よって差分式の場合はこの $O(h^k)$ を打ち切って計算することとなる。$x = a$ を代入して式(6.5)を整理すると，以下のように前進差分式を導くことができる。

$$\begin{aligned} g'(a) &= \frac{g(a+h) - g(a)}{h} - \frac{h}{2!}g''(a) + O(h^2) \\ &= \frac{g(a+h) - g(a)}{h} + O(h) \end{aligned} \tag{6.7}$$

同様に，式(6.6)から後退差分式を導くことができる。

$$g'(a) = \frac{g(a) - g(a-h)}{h} + \frac{h}{2!}g''(a) + O(h^2)$$

$$= \frac{g(a) - g(a-h)}{h} + O(h) \tag{6.8}$$

よってこれらの二つの場合は，付加項からそれぞれ h に比例して打切り誤差が小さくなることがわかる。つまり1次の差分法である。

また，式(6.5)，(6.6)より，中心差分式を導くことができる。

$$g'(a) = \frac{g(a+h) - g(a-h)}{2h} - \frac{h^2}{6}g'''(a) + O(h^3)$$

$$= \frac{g(a+h) - g(a-h)}{2h} + O(h^2) \tag{6.9}$$

このように，中心差分法では h の2乗に比例して打切り誤差が小さくなることがわかる。つまり2次の差分法である。

さらに高次の差分法について考えてみよう。式(6.5)，(6.6)と同様に，$g(x+2h)$ と $g(x-2h)$ をテイラー展開すると以下のようになる。

$$g(x+2h) = g(x) + 2hg'(x) + \frac{(2h)^2}{2!}g''(x) + \frac{(2h)^3}{3!}g'''(x) + O(h^4) \tag{6.10}$$

$$g(x-2h) = g(x) - 2hg'(x) + \frac{(2h)^2}{2!}g''(x) - \frac{(2h)^3}{3!}g'''(x) + O(h^4) \tag{6.11}$$

式(6.7)で，$g''(a)$ の項を消去することができれば2次の前進差分式を導くことができることはおわかりいただけるだろう。$x = a$ を代入した式(6.10)を用いて式(6.7)の $g''(a)$ の項を消去すると

$$g'(a) = \frac{-g(a+2h) + 4g(a+h) - 3g(a)}{2h} + O(h^2) \tag{6.12}$$

のようになり，2次の前進差分式を導くことができる。後退差分式の場合も同様に，式(6.8)と $x = a$ を代入した式(6.11)から以下の式を導くことができる。

$$g'(a) = \frac{g(a-2h) - 4g(a-h) + 3g(a)}{2h} + O(h^2) \tag{6.13}$$

中心差分法の場合には式(6.9)の h^2 項を，$x = a$ を代入した式(6.10)，(6.11)を使って消去することを考える。整理すると

$$g'(a) = \frac{g(a-2h) - 8g(a-h) + 8g(a+h) - g(a+2h)}{12h} + O(h^4) \tag{6.14}$$

となり，4次の差分式を導くことができる。このような中心差分法は計算領域内部で，前進差分法，後退差分法は計算領域の境界で用いられることが多い。

さらに同様の方法によって，より高次の差分式や2階微分の差分式を導くことも可能である。例えば，中心差分法を用いて，$x = a$ における2階微分値 $g''(a)$ を求めてみよう。$x = a$ を式(6.5)，(6.6)に代入して，その和をとって整理すると

$$g''(a) = \frac{g(a+h) - 2g(a) + g(a-h)}{h^2} + O(h^2) \tag{6.15}$$

となる。この場合もさらに，式(6.10)，(6.11)に $x = a$ を代入して用いると，高次の2階微分の差分式を次式のように導くことができる。

$$g''(a) = \frac{-g(a+2h) + 16g(a+h) - 30g(a) + 16g(a-h) - g(a-2h)}{12h^2} + O(h^4) \tag{6.16}$$

以上は，いずれも刻み幅 h が等間隔の場合の差分法である。実際の数値計算においては，不等間隔の刻み幅や不等間隔の格子点を用いることもよくあるが，同様にテイラー展開に基づいて差分式を導くことが可能である。

ここで実際に前進差分法や中心差分法を用いて微分値を求める場合の数値計算例を調べよう。例えば，つぎのような式を考えてみよう。

$$g(x) = x^4 + x^3 + x^2 + x + 1 \tag{6.17}$$

上式は解析的に微分をすることができるので，以下のようになる。

$$g'(x) = 4x^3 + 3x^2 + 2x + 1 \tag{6.18}$$

前進差分式(6.2)と中心差分式(6.3)を使って，実際に刻み幅 h を，変化させた例を示そう。この場合の $g'(x = 1)$ の変化を**図 6.1** に示す。式(6.18)よ

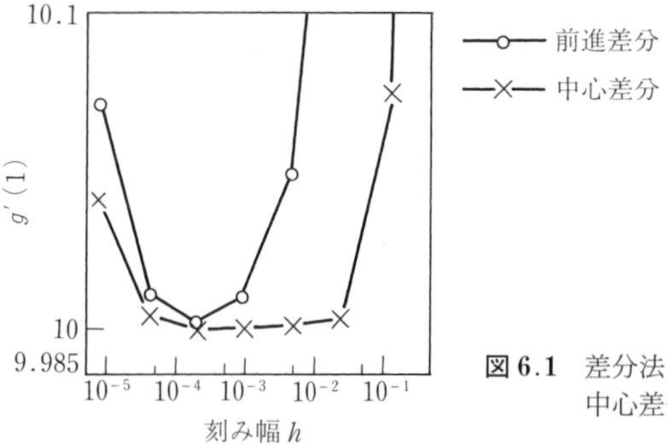

図 6.1　差分法による計算例：前進差分法と中心差分法

り，解析値 $g'(x=1)$ は 10 である。刻み幅 h が大きすぎても，小さすぎても誤差が生じていることがわかる。また，中心差分法のほうが前進差分法よりも，刻み幅 h が大きい場合に解析値 10 に近いこともわかる。

6.1.2　補間公式を用いる場合

本項では，実験や計測などで得られた離散的な値や離散点上の値に対して，補間公式を用いて近似して数値微分を行う方法について述べよう。

離散的な点が与えられた場合の補間方法として，代表的なものに**ラグランジュ**（Lagrange）**の補間法**と**スプライン**（Spline）**関数**による補間があるが，まずその方法の概略をこれから述べることとしよう。

関数 $g(x)$ が定義されているとき，ある区間内の $n+1$ 個の離散的な値，$(x_0,\ g(x_0))$，$(x_1,\ g(x_1))$，…，$(x_n,\ g(x_n))$ が与えられているとする。この与えられた点を通る n 次多項式は一つに決まる。この n 次多項式のことをラグランジュの補間多項式と呼び，以下の $F(x)$ のように表すことができる。

$$F(x)=\sum_{i=0}^{n}g(x_i)L_i(x) \tag{6.19}$$

$$\begin{aligned}L_i(x)&=\prod_{j=0,j\neq i}^{n}\frac{x-x_j}{x_i-x_j}\\&=\frac{(x-x_0)\cdots(x-x_{i-1})(x-x_{i+1})\cdots(x-x_n)}{(x_i-x_0)\cdots(x_i-x_{i-1})(x_i-x_{i+1})\cdots(x_i-x_n)}\end{aligned} \tag{6.20}$$

つぎに，離散的な関数 $g(x)$ の微分値を求める際に，式(6.19)のラグランジュの補間式を微分することにより求めることを考える。式(6.19)を微分すると次式のようになる。

$$F'(x) = \sum_{i=0}^{n} g(x_i) L_i'(x) \tag{6.21}$$

式(6.20)より，$L_i'(x)$ は以下のようになる。

$$\begin{aligned} L_i'(x) &- \prod_{j=0, j \neq i}^{n} \frac{x - x_j}{x_i - x_j} \sum_{j=0, j \neq i}^{n} \frac{1}{x - x_j} \\ &= \frac{(x - x_1) \cdots (x - x_{i-1})(x - x_{i+1}) \cdots (x - x_n)}{(x_i - x_0) \cdots (x_i - x_{i-1})(x_i - x_{i+1}) \cdots (x_i - x_n)} \\ &\quad + \frac{(x - x_0)(x - x_2) \cdots (x - x_{i-1})(x - x_{i+1}) \cdots (x - x_n)}{(x_i - x_0) \cdots (x_i - x_{i-1})(x_i - x_{i+1}) \cdots (x_i - x_n)} \\ &\quad \cdots\cdots\cdots\cdots\cdots\cdots\cdots\cdots\cdots\cdots \\ &\quad + \frac{(x - x_0)(x - x_1) \cdots (x - x_{i-1})(x - x_{i+1}) \cdots (x - x_{n-1})}{(x_i - x_0) \cdots (x_i - x_{i-1})(x_i - x_{i+1}) \cdots (x_i - x_n)} \end{aligned} \tag{6.22}$$

このように，ある点 x_h における微分値は，式(6.21)，(6.22)から

$$F'(x_h) = \sum_{j=0}^{n} g(x_j) L_j'(x_h) \tag{6.23}$$

として求めることができることがわかる。

また，最近市販のグラフ作成ソフトには，スプライン関数を使って，実験や計測によって得られた離散的なデータをなめらかに近似する機能が付加されているものも多い。つぎに，それぞれの離散点間を3次スプライン関数で近似して，その微分値を求める方法について説明しよう。まず関数 $g(x)$ が，ある区間内の $n+1$ 個の離散的な値，$(x_0,\ g(x_0))$，$(x_1,\ g(x_1))$，…，$(x_n,\ g(x_n))$ として与えられているとする。ある区間 $[x_k,\ x_{k+1}]$ の3次スプライン関数を $s_k(x)$ とおくと，それは以下のように記述できる。ここで，a_{k0}，a_{k1}，a_{k2}，a_{k3} は未知の定数とする。

$$s_k(x) = a_{k0} + a_{k1}(x - x_k) + a_{k2}(x - x_k)^2 + a_{k3}(x - x_k)^3 \tag{6.24}$$

$$(0 \leqq k \leqq n - 1)$$

ここで，$x = x_k$ において，となり合うスプライン関数 $s_{k-1}(x)$，$s_k(x)$ は連

続であるとすると，1次および2次の微係数の値が等しいという条件を付加することができる。

$$s_k(x_k) = g(x_k) \qquad (0 \leqq k \leqq n-1) \tag{6.25}$$

$$s_k(x_{k+1}) = g(x_{k+1}) \qquad (0 \leqq k \leqq n-1) \tag{6.26}$$

$$s'_{k-1}(x_k) = s'_k(x_k) \qquad (1 \leqq k \leqq n-1) \tag{6.27}$$

$$s''_{k-1}(x_k) = s''_k(x_k) \qquad (1 \leqq k \leqq n-1) \tag{6.28}$$

上記の関係をすべての離散的なデータに適用すると，条件式は $4n-2$ 個できることとなる。ここで，未知数 a_{k0}，a_{k1}，a_{k2}，a_{k3} は全部で $4n$ 個あることから，条件式が2式不足していることがおわかりになると思う。同時にこの s'_k は与えられた関数 $g(x)$ の $x = x_k$ における微分値となる。不足している条件式の付加方法としては，a，b を定数として，両端の2次微分の値を

$$s''_0(x_0) = a, \quad s''_{n-1}(x_n) = b \tag{6.29}$$

のように与える場合と，両端の1次微分値を

$$s'_0(x_0) = a, \quad s'_{n-1}(x_n) = b \tag{6.30}$$

のように与える場合が考えられる。例えば，上式で $a = b = 0$ とすれば，未知数と条件式の数が整合することになる。

それでは，以上のような式から未知数 a_{k0}，a_{k1}，a_{k2}，a_{k3} を求めていこう。式(6.24)より，1次微分，2次微分をそれぞれ計算すると

$$s'_k(x) = a_{k1} + 2a_{k2}(x - x_k) + 3a_{k3}(x - x_k)^2 \tag{6.31}$$

$$s''_k(x) = 2a_{k2} + 6a_{k3}(x - x_k) \tag{6.32}$$

となる。$x = x_k$ の場合には式(6.24)，(6.32)より，以下の関係が成立する。ここで p_k，p_{k+1} を，それぞれ $x = x_k$，$x = x_{k+1}$ における2次微分値とする。

$$s_k(x_k) = a_{k0} = g(x_k) \tag{6.33}$$

$$s''_k(x_k) = 2a_{k2} = p_k \tag{6.34}$$

同様に $x = x_{k+1}$ を式(6.24)，(6.32)に代入すると以下のようになる。ここで，$x_{k+1} - x_k = dx_k$ と表示することにしよう。

$$s_k(x_{k+1}) = a_{k0} + a_{k1}dx_k + a_{k2}dx_k{}^2 + a_{k3}dx_k{}^3 = g(x_{k+1}) \tag{6.35}$$

$$s''_k(x_{k+1}) = 2a_{k2} + 6a_{k3}dx_k = p_{k+1} \tag{6.36}$$

以上の4式より，3次スプライン関数の四つの未知数，つまり式(6.24)のa_{k0}，a_{k1}，a_{k2}，a_{k3}は以下のように整理できる。

$$a_{k0} = g(x_k) \tag{6.37}$$

$$a_{k1} = \frac{g(x_{k+1}) - g(x_k)}{dx_k} - \frac{dx_k(2p_k + p_{k+1})}{6} \tag{6.38}$$

$$a_{k2} = \frac{p_k}{2} \tag{6.39}$$

$$a_{k3} = \frac{p_{k+1} - p_k}{6dx_k} \tag{6.40}$$

これらの式と式(6.24)より，3次スプライン関数による$g(x)$の近似式$s_k(x)$は以下のように表すことができる。

$$s_k(x) = g(x_k) + \left\{\frac{g(x_{k+1}) - g(x_k)}{dx_k} - \frac{dx_k(2p_k + p_{k+1})}{6}\right\}(x - x_k) + \frac{p_k}{2}(x - x_k)^2 + \frac{p_{k+1} - p_k}{6dx_k}(x - x_k)^3 \tag{6.41}$$

上式をxで微分すると次式のようになる。

$$s'_k(x) = \frac{g(x_{k+1}) - g(x_k)}{dx_k} - \frac{dx_k(2p_k + p_{k+1})}{6} + p_k(x - x_k) + \frac{p_{k+1} - p_k}{2dx_k}(x - x_k)^2 \tag{6.42}$$

この式に$x = x_k$を代入すると次式のようになる。

$$s'_k(x_k) = \frac{g(x_{k+1}) - g(x_k)}{dx_k} - \frac{dx_k(2p_k + p_{k+1})}{6} \tag{6.43}$$

同時に式(6.42)を用いて，s'_{k-1}に$x = x_k$を代入すると以下のようになる。

$$s'_{k-1}(x_k) = \frac{g(x_k) - g(x_{k-1})}{dx_{k-1}} - \frac{dx_{k-1}(2p_{k-1} + p_k)}{6} + dx_{k-1}p_{k-1} + \frac{dx_{k-1}(p_k - p_{k-1})}{2} \tag{6.44}$$

式(6.27)で$s'_k(x_k) = s'_{k-1}(x_k)$だから，式(6.43)，(6.44)から，以下のようになる。

$$\frac{g(x_{k+1}) - g(x_k)}{dx_k} - \frac{dx_k(2p_k + p_{k+1})}{6}$$

$$= \frac{g(x_k) - g(x_{k-1})}{dx_{k-1}} - \frac{dx_{k-1}(2p_{k-1} + p_k)}{6} + \frac{dx_{k-1}p_k}{2} + \frac{dx_{k-1}p_{k-1}}{2}$$

この式を整理すると次式のようになる。

$$\frac{1}{dx_k}g(x_{k+1}) - \left(\frac{1}{dx_k} + \frac{1}{dx_{k-1}}\right)g(x_k) + \frac{1}{dx_{k-1}}g(x_{k-1})$$
$$= \frac{dx_k}{6}p_{k+1} + \left(\frac{dx_{k-1}}{3} + \frac{dx_k}{3}\right)p_k + \frac{dx_{k-1}}{6}p_{k-1} \qquad (6.45)$$

この式を行列的に表示すると，次式のようになる。

$$\left(\frac{1}{dx_k},\ -\frac{1}{dx_k} - \frac{1}{dx_{k-1}},\ \frac{1}{dx_{k-1}}\right)(g(x_{k-1}),\ g(x_k),\ g(x_{k+1}))$$
$$= \left(\frac{dx_k}{6},\ \frac{dx_{k-1}}{3} + \frac{dx_k}{3},\ \frac{dx_{k-1}}{6}\right)(p_{k+1},\ p_k,\ p_{k-1}) \qquad (6.46)$$

ここで式(6.46)は $1 \leqq k \leqq n-1$ で成立している。未知数 $p_k (0 \leqq k \leqq n)$ は $n+1$ 個あるので，式(6.29)において例えば $a = b = 0$ とすれば，$p_0 = 0$，$p_n = 0$ となり条件式の数が整う。そこでこれらの連立方程式を解けば，各離散的な点における2次微分値 p_k を求めることができる。p_k の値を用いて，式(6.42)より1次微分値 s'_k を計算すると，$g(x)$ を3次スプライン関数で近似した場合の微分値を求めることが可能となる。

それでは，$g(x)$ が離散的な数値として与えられた場合について計算例を示そう。例えば，以下のような離散的な値を与えられた場合に，ラグランジュ補間式を用いて，$g'(1)$ の値を近似的に計算することを考えてみよう。

x	0.0	1.0	2.0	3.0
$g(x)$	5.0	8.0	7.0	3.0

上記4点をそれぞれ $(x_1,\ y_1)$，$(x_2,\ y_2)$，$(x_3,\ y_3)$，$(x_4,\ y_4)$ とすると，この場合のラグランジュの補間式 $F(x)$ は式(6.19)，(6.20)よりつぎのようになる。

$$F(x) = y_1\frac{(x - x_2)(x - x_3)(x - x_4)}{(x_1 - x_2)(x_1 - x_3)(x_1 - x_4)}$$
$$+ y_2\frac{(x - x_1)(x - x_3)(x - x_4)}{(x_2 - x_1)(x_2 - x_3)(x_2 - x_4)}$$

$$+ y_3\frac{(x-x_1)(x-x_2)(x-x_4)}{(x_3-x_1)(x_3-x_2)(x_3-x_4)}$$

$$+ y_4\frac{(x-x_1)(x-x_2)(x-x_3)}{(x_4-x_1)(x_4-x_2)(x_4-x_3)} \tag{6.47}$$

この上式を x で微分するとつぎのようになる。

$$F'(x) = y_1\frac{(x-x_3)(x-x_4)+(x-x_2)(x-x_4)+(x-x_2)(x-x_3)}{(x_1-x_2)(x_1-x_3)(x_1-x_4)}$$

$$+ y_2\frac{(x-x_3)(x-x_4)+(x-x_1)(x-x_4)+(x-x_1)(x-x_3)}{(x_2-x_1)(x_2-x_3)(x_2-x_4)}$$

$$+ y_3\frac{(x-x_2)(x-x_4)+(x-x_1)(x-x_4)+(x-x_1)(x-x_2)}{(x_3-x_1)(x_3-x_2)(x_3-x_4)}$$

$$+ y_4\frac{(x-x_2)(x-x_3)+(x-x_1)(x-x_3)+(x-x_1)(x-x_2)}{(x_4-x_1)(x_4-x_2)(x_4-x_3)} \tag{6.48}$$

$x=1$ および 4 点の値を代入すると，$F'(1)=5/6$ のように微分値を求めることができる。**図 6.2** にラグランジュの補間式によって得られた曲線と微分値の計算結果を示す。スプライン関数近似による場合も同様に離散点の値から微分値を求めることができる。

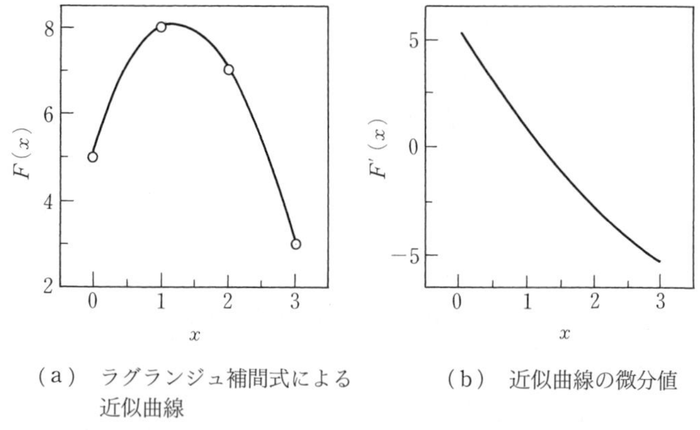

図 6.2　補間式を用いた場合の微分値の計算（ラグランジュ補間式を用いて近似した場合）

6.2 数 値 積 分

6.2.1 台 形 則

まず関数 $g(x)$ が与えられているとし，$g(x)$ を $x = a$ から $x = b$ まで積分する場合を考える。つまり

$$S = \int_a^b g(x)dx$$

を求める場合である。このような場合に，台形則を用いて数値積分する方法についてこれから述べよう。**図 6.3** に示すように関数 $g(x)$ は曲線であるとする。$x = a$ から $x = b$ の区間を N 等分すると，各点の x 座標 x_i は以下のように表すことができる。ここで $x_0 = a$，$x_N = b$ とする。

$$x_i = a + ih \qquad (i = 0,\ 1,\ \cdots,\ N) \tag{6.49}$$

$$h = \frac{b - a}{N}$$

このときに h は区間の刻み幅を表している。この場合に曲線 $g(x)$ の積分値を図 6.3 のように分割することを考えよう。すなわち，$g(x)$ 上の $N + 1$ 個の点を結んで関数 $g(x)$ を分割し，x 軸とその直線，y 軸に平行な二つの直線で囲まれた台形の面積の足し合せとして，$g(x)$ を数値積分することを考えるのである。ここで，分割の際の曲線 $g(x)$ 上の各点を $(x_0,\ y_0)$，$(x_1,\ y_1)$，$(x_2,\ y_2)$，$\cdots$，$(x_N,\ y_N)$ とし，この台形を足し合わせた面積の値を S_1 とし，真の積分値を S とする。このとき，S_1 は以下のように記述できる。

$$S_1 = \frac{1}{2}h(y_0 + y_1) + \frac{1}{2}h(y_1 + y_2) + \cdots + \frac{1}{2}h(y_{N-2} + y_{N-1}) + \frac{1}{2}h(y_{N-1} + y_N)$$

$$S_1 = \frac{h}{2}(y_0 + 2y_1 + 2y_2 + \cdots + 2y_{N-1} + y_N)$$

$$S_1 = \frac{h}{2}\left(y_0 + y_N + 2\sum_{j=1}^{N-1} y_j\right) \tag{6.50}$$

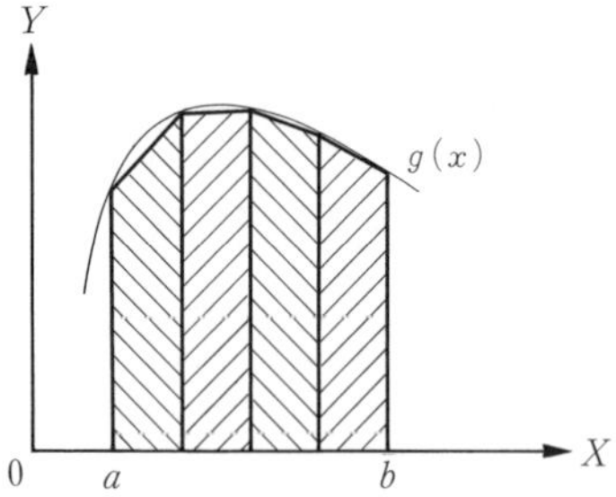

図 6.3　台形則による数値積分

このように積分値を台形の面積の和で表す公式を台形則（台形公式）という。

つぎに，上述の台形則による積分値 S_1 の誤差について考えてみる。オイラー-マクローリンの積分公式より，真の積分値 S はつぎのように表すことができる。

$$S = \int_a^{b=a+Nh} g(x)dx = \frac{h}{2}\left\{g(a) + g(a+Nh) + 2\sum_{j=1}^{N-1} g(a+jh)\right\}$$
$$+ \sum_{j=1}^{\infty}\frac{(-1)^j h^{2j}}{(2j)!}B_j\{g^{2j-1}(a+Nh) - g^{2j-1}(a)\} \qquad (6.51)$$

$$B_1 = \frac{1}{6},\ B_2 = \frac{1}{30},\ B_3 = \frac{1}{42},\ \cdots$$

したがって，台形則の誤差 E は

$$E = |S - S_1| \leqq \frac{h^2}{12}\{g'(a+Nh) - g'(a)\} \approx \frac{Nh^3}{12}g''(\xi) \qquad (6.52)$$

と表すことができる。ここで $g''(\xi)$ は $g''(x)$ の区間 $a \leqq x \leqq b$ での最大値とする。よって式(6.49)の刻み幅 h を半分にすると，台形則によって求められた積分値 S_1 の誤差は 1/8 以下になっていくことがわかる。ただし，丸め誤差の観点から考えた場合は，h が小さいほどよいということではない。

・台形則による数値積分例

$$g(x) = x^4 + x^3 + x^2 + x + 1$$

上式を例にとり，$x = 1$ から $x = 1.5$ まで台形則を用いて積分する場合を考えてみよう。**図 6.4** に積分区間の分割数 N（刻み幅 $h = 0.5/N$）と積分値 S の関係を示す。この場合，上式は解析的に積分することができ，その値は

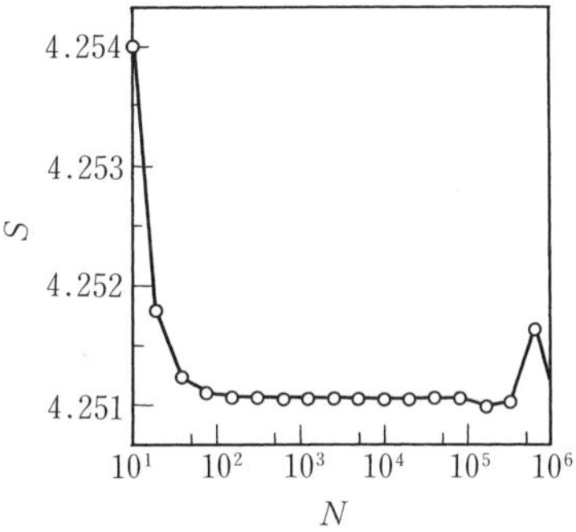

図 6.4 台形則による数値積分の計算例

約 4.2510 である。図 6.4 から，刻み幅が小さすぎても大きすぎても，それぞれ丸め誤差，打切り誤差により，誤差が生じている様子がわかる。

6.2.2 シンプソン則

関数 $g(x)$ を数値積分する場合，台形則においては分点間を直線（1 次式）で近似していることはおわかりであろう。ここで，関数 $g(x)$ がなめらかな関数である場合には，直線で近似するよりも 2 次曲線で近似したほうがよい精度の数値積分が可能であると考えられる。そこで，$g(x)$ 上のある三つの分点を，$(x_j,\ y_j)$，$(x_{j+1},\ y_{j+1})$，$(x_{j+2},\ y_{j+2})$ として，**図 6.5** のように 2 次式 $p(x)$ で近似して積分をしてみよう。まず区間を $2N$ 等分することを考える。そこで刻み幅 $h=(b-a)/(2N)$ として，各分点と $g(x)$ は一致するようにする。このときに，ある区間 $x_j \leqq x \leqq x_{j+2}(j=0,\ 2,\ 4,\ \cdots)$ において，式(6.19)のラグランジュの補間多項式により関数 $g(x)$ をつぎの 2 次多項式 $p(x)$ で近似する。

$$p(x)=\frac{(x-x_{j+1})(x-x_{j+2})}{(x_j-x_{j+1})(x_j-x_{j+2})}y_j+\frac{(x-x_j)(x-x_{j+2})}{(x_{j+1}-x_j)(x_{j+1}-x_{j+2})}y_{j+1}$$
$$+\frac{(x-x_j)(x-x_{j+1})}{(x_{j+2}-x_j)(x_{j+2}-x_{j+1})}y_{j+2} \qquad (6.53)$$

この場合，区間 $[x_j,\ x_{j+2}]$ での積分値を $S_{2,j}$ とすると

$$S_{2,j}=\int_{x_j}^{x_{j+2}}p(x)dx=\int_{-h}^{h}p(x-x_{j+1})dx=\frac{h}{3}(y_j+4y_{j+1}+y_{j+2}) \qquad (6.54)$$

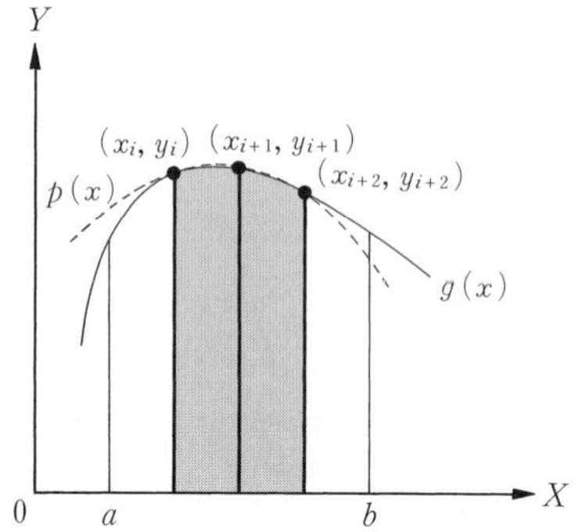

図 6.5　シンプソン則による数値積分

となる。全区間 $[a,\ b]$ の積分値 S_2 は，上式(6.54)より

$$S_2 = \frac{h}{3}\left[y_0 + 4y_1 + y_2 + \sum_{j=1}^{N-2}(y_{2j} + 4y_{2j+1} + y_{2j+2}) + y_{2N-2} + 4y_{2N-1} + y_{2N}\right]$$

$$S_2 = \frac{h}{3}\left[y_0 + y_{2N} + 4\sum_{j=1}^{N} y_{2j-1} + 2\sum_{j=1}^{N-1} y_{2j}\right] \tag{6.55}$$

$$h = \frac{b-a}{2N} \tag{6.56}$$

となる。この式をシンプソン則（シンプソンの公式），あるいはシンプソンの1/3則という。

また，上記のシンプソン則による積分値 S_2 の誤差 E_2 は以下のように記述できる。

$$E_2 = |S - S_2| \leqq \frac{Nh^5}{180} g''''(\xi) \tag{6.57}$$

ここで $g''''(\xi)$ は $g''''(x)$ の区間 $a \leqq x \leqq b$ での最大値とする。これより，$g(x)$ が 3 次式以下の場合は $E_2 = 0$ となり，精度よく求めることができる。$g(x)$ が 4 次式以上の場合には，おおよそ h^5 に比例した誤差が生じることになる。このように，被積分関数 $g(x)$ を 1 次式で近似した場合には台形則を得ることができ，$g(x)$ を 2 次式で近似した場合にはシンプソンの 1/3 則を得ることができた。したがって，$g(x)$ がより複雑な関数の場合には，$g(x)$ を n 次式で近似するともっと高精度の積分公式が得られると予想できる。このような被積分関数を，n 次のラグランジュの補間多項式で近似した場合の一般的な積分公式を**ニュートン-コーツ**（Newton-Cotes）**の公式**といい，$n = 1$ の場合が台形則，$n = 2$ の場合がシンプソンの 1/3 則に相当している。

・シンプソン則による数値積分例

$$g(x) = x^4 + x^3 + x^2 + x + 1$$

前出の上式を例にとり，$x = 1$ から $x = 1.5$ まで，シンプソン則によって積分する場合を考えてみよう。シンプソン則によって実際に数値積分を行った場合の例として，**図 6.6** に積分区間の分割数 N と積分値 S_2 の変化を示す。このとき刻み幅は $h = 0.5/N$ と表すことができる。図 6.4 の台形則と比較すると，刻み幅 h が大きい場合には計算精度が向上していることがわかる。また，N が大きくなり，h を細かくしすぎると，丸め誤差の影響を受けることもおわかりいただけるだろう。

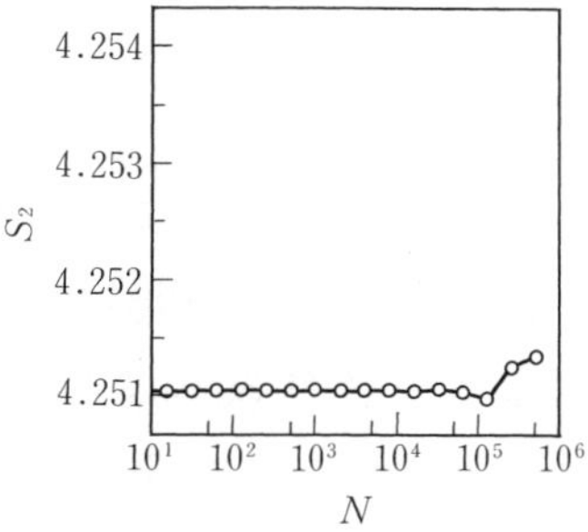

図 6.6　シンプソン則による数値積分例

6.2.3 多 重 積 分

この項では，積分区間が 2 次元以上の多重積分の例について述べることとしよう。例えば，以下のような 2 次元の領域の積分を考える。

$$S = \int_c^d dy \int_a^b f(x,\ y)dx \tag{6.58}$$

数値積分することを考えて，積分区間 $[a,\ b]$，$[c,\ d]$ をそれぞれ N 等分することにしよう。まず

$$I = \int_a^b f(x,\ y_i)dx \qquad (i = 0,\ 1,\ \cdots,\ N) \tag{6.59}$$

を式(6.50)の台形則，あるいは式(6.55)のシンプソン則によって求め，さらに

$$S = \int_c^d I(y_j)dy \qquad (j = 0, 1, \cdots, N) \tag{6.60}$$

として，S の値を求めることができる。この場合に全積分区間を N^2 分割したことになる。以下のような 3 次元の場合も同様に

$$S = \int_e^f dz \int_c^d dy \int_a^b f(x, y, z)dx \tag{6.61}$$

順次，台形則またはシンプソン則によって求めることにより，S を求めることができる。しかし，多重積分の次元が 4 次元，…，N 次元と高次元になるにつれ，積分区間の分割数は指数関数的に多くなっていくため，計算負荷が膨大になっていく。積分次元数があまりにも高くなると 9 章に記述しているようなモンテカルロ法で数値積分を行うほうが適しているといえる。

・多重積分の数値計算例

多重積分の数値計算例として

$$S = \int_0^1 dy \int_0^1 f(x, y)dx \tag{6.62}$$

$$f(x, y) = 2xy + 3x + y + 5$$

の場合を求めることを考える。この場合に，式(6.59)，式(6.60)の手順に従って，式(6.50)の台形則を用いて積分を行うと，積分値 S_d は以下のように整理できる。ここで x，y に関する刻み幅を h，区間分割数を N として $h = 1/N$ とする。

$$\begin{aligned} S_d = \frac{h^2}{4}\Big\{ & f(x_0, y_0) + f(x_N, y_0) + f(x_0, y_N) + f(x_N, y_N) \\ & + 2\sum_{j=1}^{N-1} f(x_j, y_0) + 2\sum_{j=1}^{N-1} f(x_j, y_N) + 2\sum_{j=1}^{N-1} f(x_0, y_j) \\ & + 2\sum_{j=1}^{N-1} f(x_N, y_j) + 4\sum_{j=1}^{N-1}\sum_{k=1}^{N-1} f(x_k, y_j)\Big\} \end{aligned} \tag{6.63}$$

このときの実際の数値解析結果を示そう。**図 6.7** に，x および y の区間分割数 N を変化させた場合の積分値 S_d の変化を示す。分割数 N が増加するに従って積分値 S_d が一定値に収束している様子がわかる。この場合は 2 次元の

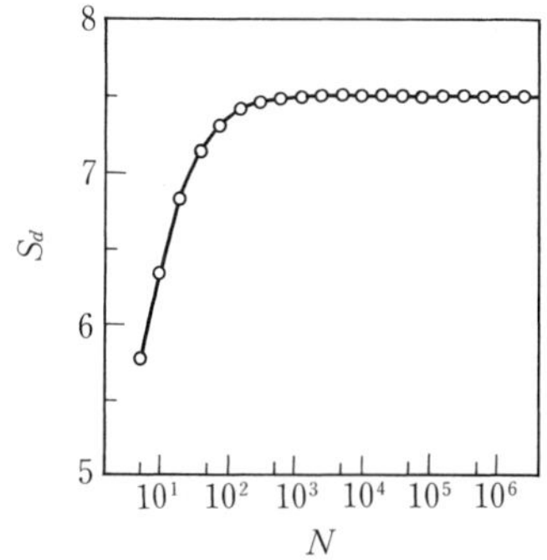

図 6.7　多重積分の数値計算例：積分区間分割数 N と積分値 S_d の関係

積分のため，区間分割数 N を増やすとほぼ N^2 に比例して計算負荷が増大することに注意を要する。

7 常微分方程式の解法

電気回路の応答や天体の軌道，物体の落下の現象など，常微分方程式で記述される物理現象や事例は数多く存在する。それらの問題の中には，解析解を得ることが難しく数値解析によって解を求める必要がある場合も多い。本章では，このような常微分方程式の数値解法について，代表的な方法と解析例について記述する。

7.1 常微分方程式

つぎのような方程式を例として考える。

$$\frac{dy}{dt} = y' = 1 + t^3 \tag{7.1}$$

上式では，独立変数は t だけであり，方程式中に t の関数 $y(t)$ の導関数 $y'(t)$ を含んでいる。このような方程式のことを微分方程式という。また，上記のように独立変数が一つであるものを常微分方程式と呼び，独立変数が複数あるものを偏微分方程式という。また式(7.1)は式中に含まれる導関数の最高階数が1階であることから1階の常微分方程式と呼ばれる。また次式のように導関数の最高階数が2階であるものを2階の常微分方程式という。

$$\frac{d^2y}{dt^2} = y'' = 1 + t^3 \tag{7.2}$$

また，f，g を t の関数として，式(7.1)の1階の常微分方程式が連立している次式のような場合は連立1階常微分方程式と呼ばれる。

$$y_1' = f(t,\ y_1,\ y_2) \tag{7.3}$$

$$y_2' = g(t,\ y_1,\ y_2) \tag{7.4}$$

また，一般的に式(7.1)のような常微分方程式に対して

$$y(0) = C_1 \tag{7.5}$$

のような初期条件のもとで，解を得る問題を常微分方程式の初期値問題という。ここで C_1 は定数とする。また，式(7.2)に示す2階の常微分方程式の場合には，式(7.5)の初期条件と同様に

$$y(0) = C_2 \tag{7.6}$$

$$y'(0) = C_3 \tag{7.7}$$

のような条件を与えることができる。このような問題を2階の常微分方程式の初期値問題という。一方，2階の常微分方程式にはつぎのような条件を与えることも可能である。

$$y(0) = C_4 \tag{7.8}$$

$$y(5) = C_5 \tag{7.9}$$

この場合は，変数 t の境界条件を与えられて解くことから，2階常微分方程式の境界値問題と呼ばれる。初期値問題と境界値問題では数値解法が異なるが，詳細はあとで述べよう。

また，常微分方程式の数値解法としては，解析的に積分できないような場合を取り扱うことが多い。このような場合に，次式の1階常微分方程式の初期値問題を考えるとまず差分方程式を作る必要がある。

$$y' = g(t,\ y) \tag{7.10}$$

$$y(0) = C_1 \tag{7.11}$$

例えば，刻み幅を Δt として前進差分法を適用すると（6章を参照）以下のように書くことができる。

$$\frac{y(t + \Delta t) - y(t)}{\Delta t} = g(t,\ y(t)) \tag{7.12}$$

また中心差分法を用いると

$$\frac{y(t+\Delta t)-y(t-\Delta t)}{2\Delta t}=g(t,\ y(t)) \tag{7.13}$$

となる。前進差分法の場合の式(7.12)を例にとると

$$y(t+\Delta t)=y(t)+\Delta t\, g(t,\ y(t)) \tag{7.14}$$

となり，初期条件である式(7.11)を用いれば

$$y(\Delta t)=y(0)+\Delta t\, g(0,\ C_1)$$

$$y(2\Delta t)=y(\Delta t)+\Delta t\, g(\Delta t,\ y(\Delta t))$$

$$\cdots\cdots\cdots\cdots\cdots\cdots\cdots\cdots\cdots\cdots$$

$$y((j+1)\Delta t)=y(j\Delta t)+\Delta t\, g(j\Delta t,\ y(j\Delta t)) \tag{7.15}$$

のように順次計算することができる。このような常微分方程式の解法で，差分解 y_j からつぎの差分解 y_{j+1} を順次求めていく解法を一段法と呼ぶ。一段法の代表的な例として，オイラー法とルンゲ-クッタ法について後述する。一方，差分解 y_{j+1} を計算するのに，直前の y_j だけでなく，y_{j-1}，y_{j-2} など複数の以前の値を用いる方法もある。このような方法は多段法と呼ばれる。また y_j を求める場合に，許容誤差範囲に入るように繰り返し計算する方法もある。このような計算方法の例として，あとで予測子・修正子法について説明する。また，このような差分法による解法には，厳密解との差が原理的に生じる。これを局所打切り誤差と呼び

$$O((\Delta t)^k) \tag{7.16}$$

のような形で表し，k はその解法の次数と呼ばれる。ここで k が大きいほど，刻み幅 Δt を小さくした場合に打切り誤差が小さくなっていく。

7.2 常微分方程式の解法

7.2.1 オイラー法

常微分方程式の解法の一つであるオイラー法の手順を次式の例で説明しよう。

$$\frac{dx}{dt}=g(t,\ x(t)) \tag{7.17}$$

$$x(t=0)=C \tag{7.18}$$

まず，式(7.17)を差分方程式に置き換える。前進差分法を用いると

$$\left(\frac{dx}{dt}\right)_{t=t_j}=\frac{x_{j+1}-x_j}{h} \tag{7.19}$$

となる。ここで h は刻み幅とする。

$$\left(\frac{dx}{dt}\right)_{t=t_j}=g(t_j,\ x_j) \tag{7.20}$$

とおくと，オイラー法ではその解を

$$x_{j+1}=x_j+hg(t_j,\ x_j) \tag{7.21}$$

のように近似して，順次 x_j の値を数値的に求める方法である。

$$x_1=x_0+hg(t_0,\ x_0) \tag{7.22}$$

$$x_2=x_1+hg(t_1,\ x_1) \tag{7.23}$$

$$\cdots\cdots\cdots\cdots\cdots\cdots$$

ここでオイラー法による計算式と，$x(t+h)$ のテイラー展開と比べると

$$x(t+h)=x(t)+hx'(t)+O(h^2)=x(t)+hg(t)+O(h^2) \tag{7.24}$$

であるので，局所打切り誤差は $\{x(t+h)-x(t)\}/h=g(t)+O(h)$ となることより，オイラー法は1次の公式であることがおわかりいただけるだろう。

7.2.2 ルンゲ-クッタ法

つぎに常微分方程式の解法であるルンゲ-クッタ型公式の例として，2次のルンゲ-クッタ型公式，3次のルンゲ-クッタ型公式，4次のルンゲ-クッタ型公式，ルンゲ-クッタ-ギルの公式について述べよう。

（1） 2次のルンゲ-クッタ型公式

2次のルンゲ-クッタ型公式は，オイラー法の解である次式

$$x_{j+1}=x_j+hg(t_j,\ x_j) \tag{7.25}$$

において a_1，a_2，b_1，b_2 を定数として，x_{j+1} をつぎのような手順で計算するものである。

$$k_1=g(t_j,\ x_j)$$

$$k_2=g(t_j+b_1h,\ x_j+b_2hk_1)$$

$$x_{j+1} = x_j + h(a_1k_1 + a_2k_2) \tag{7.26}$$

まず k_1 を計算し，それを用いて k_2 を計算する。その二つの値を用いて x_{j+1} を計算するのである。上式の k_2 を展開すると

$$k_2 = g(t_j,\ x_j) + b_2hk_1\frac{\partial g(t_j,\ x_j)}{\partial x} + b_1h\frac{\partial g(t_j,\ x_j)}{\partial t} + O(h^2) \tag{7.27}$$

となる。式(7.26)に式(7.27)を代入するとつぎのようになる。

$$x_{j+1} = x_j + ha_1g(t_j,\ x_j) + ha_2\left\{g(t_j,\ x_j) + b_2hk_1\frac{\partial g(t_j,\ x_j)}{\partial x} + b_1h\frac{\partial g(t_j,\ x_j)}{\partial t} + O(h^2)\right\}$$

整理すると次式が導かれる。

$$x_{j+1} = x_j + h(a_1 + a_2)g(t_j,\ x_j) + h^2\left\{a_2b_2g(t_j,\ x_j)\frac{\partial g(t_j,\ x_j)}{\partial x} + a_2b_1\frac{\partial g(t_j,\ x_j)}{\partial t}\right\} + O(h^3) \tag{7.28}$$

さて，ここで定義より

$$\frac{d^2x}{dt^2} = \frac{dg(t,\ x)}{dt} = \frac{\partial g(t,\ x)}{\partial t} + \frac{\partial g(t,\ x)}{\partial x}g(t,\ x) \tag{7.29}$$

であるから，$x(t_{j+1}) = x(t_j + h)$ を 2 次の項まで展開すると

$$x(t_{j+1}) = x(t_j + h) = x_j + hg(t_j,\ x_j) + \frac{h^2}{2}\left\{\frac{\partial g(t_j,\ x_j)}{\partial t} + \frac{\partial g(t_j,\ x_j)}{\partial x}g(t_j,\ x_j)\right\} + O(h^3) \tag{7.30}$$

を導くことができる。これを式(7.28)と比較すると以下の関係式が導かれる。

$$a_1 + a_2 = 1, \quad a_2b_1 = \frac{1}{2}, \quad a_2b_2 = \frac{1}{2} \tag{7.31}$$

したがって，四つの未知数 a_1，a_2，b_1，b_2 は一つの自由度をもつことになる。ここで，$a_1 = 1/2$ と定めると，$a_2 = 1/2$，$b_1 = 1$，$b_2 = 1$ となる。このとき 2 次のルンゲ-クッタ型公式は以下のようになる。

$$k_1 = g(t_j,\ x_j)$$

$$k_2 = g(t_j + h,\ x_j + hk_1)$$

$$x_{j+1} = x_j + h\left(\frac{1}{2}k_1 + \frac{1}{2}k_2\right) \tag{7.32}$$

この公式は**ホイン（Heun）の2次公式**とも呼ばれている。

（2） 3次のルンゲ-クッタ型公式

3次のルンゲ-クッタ型公式は，前出の常微分方程式の解

$$x_{j+1} = x_j + hg(t_j,\ x_j) \tag{7.33}$$

において，a_1，a_2，a_3，b_1，b_2，c_1，c_2，c_3を定数とすると

$$k_1 = g(t_j,\ x_j)$$

$$k_2 = g(t_j + b_1h,\ x_j + b_2hk_1)$$

$$k_3 = g(t_j + c_1h,\ x_j + c_2hk_1 + c_3hk_2)$$

$$x_{j+1} = x_j + h(a_1k_1 + a_2k_2 + a_3k_3) \tag{7.34}$$

の手順でx_{j+1}をx_jから求める解法である。$x(t_j + h)$を式(7.30)と同様に3次の項まで展開した式と式(7.34)を比較することにより，2次のルンゲ-クッタ型公式の場合と同様に，定数a_1，a_2，a_3，b_1，b_2，c_1，c_2，c_3を定めることができる。この場合もこれらの8個の未知数には自由度がある。例えば，$a_1 = 1/6$，$a_2 = 2/3$，$a_3 = 1/6$，$b_1 = 1/2$，$b_2 = 1/2$，$c_1 = 1$，$c_2 = -1$，$c_3 = 2$のように定めることができる。この場合，3次のルンゲ-クッタ型公式は

$$k_1 = g(t_j,\ x_j)$$

$$k_2 = g\left(t_j + \frac{1}{2}h,\ x_j + \frac{1}{2}hk_1\right)$$

$$k_3 = g(t_j + h,\ x_j - hk_1 + 2hk_2)$$

$$x_{j+1} = x_j + \frac{1}{6}h(k_1 + 4k_2 + k_3) \tag{7.35}$$

のようになる。この式は**クッタ（Kutta）の公式**と呼ばれている。

（3） 4次のルンゲ-クッタ型公式

4次のルンゲ-クッタ型公式は，前出の常微分方程式の差分解，式(7.33)の$g(t_j,\ x_j)$を，つぎのような手順を用いて求める方法である。

$$k_1 = g(t_j,\ x_j)$$

$$k_2 = g(t_j + b_1 h,\ x_j + b_2 h k_1)$$

$$k_3 = g(t_j + c_1 h,\ x_j + c_2 h k_2)$$

$$k_4 = g(t_j + d_1 h,\ x_j + d_2 h k_3)$$

$$x_{j+1} = x_j + h(a_1 k_1 + a_2 k_2 + a_3 k_3 + a_4 k_4) \tag{7.36}$$

この場合にも変数には自由度があり，例えば，$a_1 = 1/6$，$a_2 = 1/3$，$a_3 = 1/3$，$a_4 = 1/6$，$b_1 = 1/2$，$b_2 = 1/2$，$c_1 = 1/2$，$c_2 = 1/2$，$d_1 = 1$，$d_2 = 1$ とすると，以下のようになる。

$$k_1 = g(t_j,\ x_j)$$

$$k_2 = g\left(t_j + \frac{1}{2}h,\ x_j + \frac{1}{2}hk_1\right)$$

$$k_3 = g\left(t_j + \frac{1}{2}h,\ x_j + \frac{1}{2}hk_2\right)$$

$$k_4 = g(t_j + h,\ x_j + hk_3)$$

$$x_{j+1} = x_j + \frac{1}{6}h(k_1 + 2k_2 + 2k_3 + k_4) \tag{7.37}$$

この式はルンゲ-クッタの式と呼ばれており，4 次の解法となる。上式をコンピュータを用いて解く場合には，k_1，k_2，k_3，k_4 の項を順次計算して式(7.37)に代入していけばよいということになる。

（4） ルンゲ-クッタ-ギルの公式

また，4 次のルンゲ-クッタ型公式には，式(7.37)のかわりに以下のような式を用いる場合がある。

$$k_1 = g(t_j,\ x_j)$$

$$k_2 = g\left(t_j + \frac{1}{2}h,\ x_j + \frac{1}{2}hk_1\right)$$

$$k_3 = g\left(t_j + \frac{1}{2}h,\ \underline{x_j + \frac{1}{2}\left(\frac{1}{\sqrt{2}} - \frac{1}{2}\right)hk_1 + \frac{1}{2}\left(1 - \frac{1}{\sqrt{2}}\right)hk_2}\right)$$

$$k_4 = g\left(t_j + h,\ \underline{x_j - \frac{1}{\sqrt{2}}hk_2} + (1 + \sqrt{2})hk_3\right)$$

$$x_{j+1} = x_j + \underline{\frac{1}{6}h\left\{k_1 + 2\left(1 - \frac{1}{\sqrt{2}}\right)k_2\right.} \left. + 2\left(1 + \frac{1}{\sqrt{2}}\right)k_3 + k_4\right\} \tag{7.38}$$

この方法では，k_3 の式の下線部，k_4 の式の下線部，式(7.38)の下線部をそれぞれ，A，B，C とおくと

$$B = \frac{3(2+\sqrt{2})}{2}C - \frac{4+3\sqrt{2}}{2}A \tag{7.39}$$

であることから，これらの項のうち二つをコンピュータに記憶させればよいことになり，記憶容量の節約になる。またこのような方法の計算において計算順序を考慮すると，丸め誤差の集積を避けることも可能となる。

7.2.3　予測子・修正子法

前述のオイラー法やルンゲ-クッタ法では，一度，差分解に誤差が生じてしまうと修正のしようがない。本項では，そのような場合に修正をしながら計算を進めていく予測子・修正子法によって常微分方程式の差分解を求める方法を説明する。例として下記のような初期値問題を考えよう。

$$\frac{dx}{dt} = g(t,\ x(t)) \tag{7.40}$$

$$x(t=0) = C \tag{7.41}$$

予測子・修正子法は，前述のオイラー法やルンゲ-クッタ型公式などの解法とは異なり，繰り返し計算を行う方法である。ここで上式の解 $x(t_{j+1})$ を予測子・修正子法で求める方法を説明しよう。例えばつぎのように，中心差分法により $x_p(t_{j+1})$ を求めて $x(t_{j+1})$ の予測子とする。

$$x_p(t_{j+1}) = x(t_{j-1}) + 2hg(t_j) \tag{7.42}$$

ここで

$$x_c^{(0)}(t_{j+1}) = x_p(t_{j+1}) \tag{7.43}$$

のように式(7.42)の予測子を最初の値として，t_{j+1} における $g^{(k)}(t_{j+1})$ を順次求めていく。このとき $g(t_j)$ と順次求められた $g^{(k)}(t_{j+1})$ の平均を用いて $x_c^{(k)}(t_{j+1})$ の値を修正し，その修正子の値を用いて再度 $g^{(k+1)}(t_{j+1})$ を計算し $x_c^{(k+1)}(t_{j+1})$ を修正する操作を繰り返す。その操作は次式のように記述できる。

$$g^{(k)}(t_{j+1}) = g(t_{j+1},\ x_c^{(k)}(t_{j+1})) \tag{7.44}$$

$$x_c{}^{(k+1)}(t_{j+1}) = x(t_j) + \frac{h}{2}(g(t_j) + g^{(k)}(t_{j+1})) \tag{7.45}$$

この場合に式(7.42)の予測子の計算は1回計算し，式(7.44)，(7.45)の修正子 $x_c{}^{(k)}$ の計算は繰り返し計算を行う。そして目的の精度になるまで計算するのが通常である。このような方法は，予測子・修正子の計算方法から，中点・台形公式と呼ばれている。そのほかに，予測子および修正子の計算方法によってさまざまな方法があり，代表的なものに**ミルン**（Milne）**法**，**アダムス-バッシュフォース**（Adams-Bashforth）**法**などがある。

7.3　1階常微分方程式の初期値問題

ここでは1階常微分方程式の初期値問題の解法を考えよう。例えば

$$y' = g(t, \ y) \tag{7.46}$$

$$y(t = 0) = C_1 \tag{7.47}$$

を考える。このとき式(7.46)を次のような差分方程式に書き換える。Δt を刻み幅，差分方程式の解を $Y_j (j = 0, \ 1, \ 2, \ \cdots, \ N)$ として，前進差分法，オイラー法を用いると

$$\frac{Y_{j+1} - Y_j}{\Delta t} = g_j(t_j, \ Y_j) \tag{7.48}$$

$$Y_{j+1} = Y_j + \Delta t \ g_j(t_j, \ Y_j) \tag{7.49}$$

のように書き換えることができる。式(7.47)の初期条件を用いると，以下のように Y_j を順次計算していくことができる。これが求める1階常微分方程式の解となる。

$$\begin{aligned} Y_1 &= y(0) + \Delta t \ g_0(0, \ y_0) = C_1 + \Delta t \ g_0(0, \ C_1) \\ Y_2 &= Y_1 + \Delta t \ g_1(t_1, \ Y_1) \\ &\cdots\cdots \\ Y_N &= Y_{N-1} + \Delta t \ g_{N-1} \end{aligned} \tag{7.50}$$

つぎに1階常微分方程式の初期値問題の計算例を簡単な場合を例にとり，具体的に説明する。例えば，以下のような方程式を考えてみよう。

$$\frac{dv(t)}{dt} = -F \tag{7.51}$$

$$v(t=0) = 5 \tag{7.52}$$

刻み幅を Δt として，今度は中心差分法を用いて差分方程式に書き直すと次式のようになる。

$$\frac{v(t+\Delta t) - v(t-\Delta t)}{2\Delta t} = -F \tag{7.53}$$

オイラー法を適用すると

$$v(t+\Delta t) = v(t-\Delta t) - 2\Delta tF$$

より

$$v(t+2\Delta t) = v(0) - 2\Delta tF$$

$$v(t+4\Delta t) = v(t+2\Delta t) - 2\Delta tF$$

$$\cdots\cdots\cdots\cdots\cdots\cdots$$

$$v(t+2j\Delta t) = v(t+2(j-1)\Delta t) - 2\Delta tF$$

すなわち，F を定数とすると

$$v_j = 5 - 2j\Delta tF \tag{7.54}$$

となる。ここで $F = g$ を当てはめると自由落下の問題となる。

7.4 連立常微分方程式

本節では，2 階の常微分方程式の初期値問題を，連立常微分方程式に変換して解く場合を考えてみよう。2 階の常微分方程式の初期値問題は一般に以下のように記述できる。C_1，C_2 は定数であるとする。

$$y'' = g(t,\ y,\ y') \tag{7.55}$$

$$y(t=0) = C_1, \quad y'(t=0) = C_2 \tag{7.56}$$

上の式(7.55)は下記の式のように書き換えることができる。

$$y' = \frac{dy}{dt} = f(t,\ y) \tag{7.57}$$

$$y'' = \frac{d^2y}{dt^2} = \frac{df}{dt} = f' = g(t,\ y,\ y' = f) \tag{7.58}$$

刻み幅を h として，オイラー法を適用すると以下のようになる。

$$y_{j+1} = y_j + hf_j(t,\ y) \tag{7.59}$$

$$f_{j+1} = f_j + hg_j(t,\ y,\ f) \tag{7.60}$$

したがって，初期条件を用いて

$$y_1 = y_0 + hf_0 = C_1 + hC_2 \tag{7.61}$$

$$f_1 = f_0 + hg_0 = C_2 + hg(t = 0,\ y_0,\ f_0) = C_2 + hg(0,\ C_1,\ C_2) \tag{7.62}$$

のように順次計算することができる。つぎに 2 階の常微分方程式の初期値問題を，連立常微分方程式に変換して解く簡単な計算例を考えてみよう。

$$\frac{d^2x}{dt^2} = -F \tag{7.63}$$

$$\frac{dx}{dt}(t = 0) = 5$$

$$x(t = 0) = 30$$

ここで上式で $dx/dt = v$ とおくと，前例と同様に式(7.63)は次式のように 1 階の連立常微分方程式に書き換えることができる。

$$\frac{dv}{dt} = -F, \quad v(t = 0) = 5 \tag{7.64}$$

$$\frac{dx}{dt} = v, \quad x(t = 0) = 30 \tag{7.65}$$

式(7.64)，(7.65)に，前進差分法およびオイラー法を適用すると

$$v_{j+1} = v_j + h(-F) \tag{7.66}$$

$$x_{j+1} = x_j + hv(t,\ x) \tag{7.67}$$

したがって，初期条件 $x(0) = 30$，$v(0) = 5$ を用いて順次計算すれば，以下のような手順で差分解を求めることができる。

$$v_1 = v_0 + h(-F) = 5 - hF \tag{7.68}$$

$$x_1 = x_0 + hv_0 = 30 - 5h \tag{7.69}$$

………………………………

$$v_{j+1} = v_j + h(-F) \tag{7.70}$$

$$x_{j+1} = x_j + hv_j \tag{7.71}$$

$F = 9.8$として式(7.70)，(7.71)の刻み幅hを変化させた場合の解$x(t)$ $(0 \leqq t \leqq 1)$の変化を**図7.1**に示す。刻み幅hが小さくなるほど解析解に近付いていくが，hを小さくしすぎると今度は丸め誤差の影響が現れて解析解との差が生じていることがわかる。

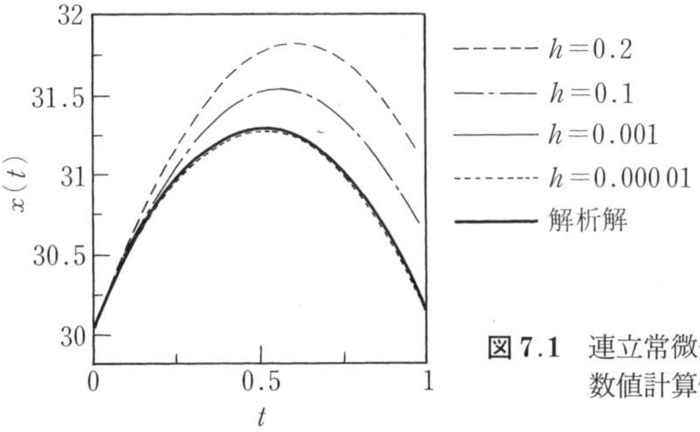

図7.1　連立常微分方程式の初期値問題の数値計算例

7.5　2階常微分方程式の境界値問題

本節では，2階常微分方程式の境界値問題の解法について説明しよう。2階の常微分方程式の一般的な表現は

$$y'' = g(t,\ y,\ y') \tag{7.72}$$

である。例えば，境界条件はC_1，C_2を定数としてつぎのように表すことができる。

$$y(t = 0) = C_1, \quad y(t = 1) = C_2 \tag{7.73}$$

本節では，解き方の例として式(7.72)が線形の場合，すなわち以下の式で表すことができる場合についてその数値解法を説明する。

$$y'' = a(t) + b(t)y + c(t)y' \tag{7.74}$$

ここでは区間[0，1]の問題を考えているので，その区間分割数をNとして等間隔格子を考えよう。格子点の間隔，すなわち刻み幅は$\Delta t = 1/N$となる。

つぎに式(7.74)に関して，以下の差分方程式を考える。差分方程式の解を $Y_j (j = 0, 1, 2, \cdots, N)$ とすると，次式が成立する。ここで，y の 1 次微分，2 次微分 y'，y'' の差分法には 6 章にある中心差分法を用いることとしよう。

$$\frac{\dfrac{Y_{j+1} - Y_j}{\Delta t} - \dfrac{Y_j - Y_{j-1}}{\Delta t}}{\Delta t} = a(t_j) + b(t_j)Y_j + c(t_j)\frac{Y_{j+1} - Y_{j-1}}{2\Delta t} \tag{7.75}$$

上式をつぎのように整理してみよう。

$$d_j Y_{j-1} + e_j Y_j + f_j Y_{j+1} = g_j \tag{7.76}$$

ここで，d_j，e_j，f_j，g_j は以下の式で表される。

$$d_j = -1 - \frac{\Delta t}{2}c(t_j), \quad e_j = 2 + b(t_j)(\Delta t)^2,$$

$$f_j = -1 + \frac{\Delta t}{2}c(t_j), \quad g_j = -(\Delta t)^2 a(t_j)$$

この式は $1 \leqq j \leqq N - 1$ で成立していることはおわかりいただけると思う。したがって，境界条件 $Y(0) = Y_0 = C_1$，$Y(1) = Y_N = C_2$ に注意すると次式のような方程式群ができる。

$$\begin{aligned}
&e_1 Y_1 + f_1 Y_2 && = g_1 - d_1 Y_0 \\
&d_2 Y_1 + e_2 Y_2 + f_2 Y_3 && = g_2 \\
&\qquad d_3 Y_2 + e_3 Y_3 + f_3 Y_4 && = g_3 \\
&\cdots\cdots\cdots\cdots\cdots\cdots\cdots\cdots\cdots\cdots && \\
&\qquad d_{N-2} Y_{N-3} + e_{N-2} Y_{N-2} + f_{N-2} Y_{N-1} && = g_{N-2} \\
&\qquad\qquad d_{N-1} Y_{N-2} + e_{N-1} Y_{N-1} && = g_{N-1} - f_{N-1} Y_N
\end{aligned} \tag{7.77}$$

上式は Y_j に関する $N - 1$ 元の連立方程式であるので，以下のように行列表示してみよう。

$$\begin{bmatrix} e_1 & f_1 & & & & & & & \\ d_2 & e_2 & f_2 & & & & & & \\ & d_3 & e_3 & f_3 & & & & & \\ \vdots & \vdots & \vdots & \vdots & \vdots & \vdots & \vdots & \vdots & \vdots \\ \vdots & \vdots & \vdots & \vdots & \vdots & \vdots & \vdots & \vdots & \vdots \\ & & & & & & d_{N-2} & e_{N-2} & f_{N-2} \\ & & & & & & & d_{N-1} & e_{N-1} \end{bmatrix} \begin{bmatrix} Y_1 \\ Y_2 \\ Y_3 \\ \vdots \\ \vdots \\ Y_{N-2} \\ Y_{N-1} \end{bmatrix} = \begin{bmatrix} g_1 - d_1 Y_0 \\ g_2 \\ g_3 \\ \vdots \\ \vdots \\ g_{N-2} \\ g_{N-1} - f_{N-1} Y_N \end{bmatrix} \tag{7.78}$$

したがって，解 $Y_j (1 \leqq j \leqq N-1)$ は 3 章にある連立方程式の解法を用いれば求めることができることはおわかりいただけるだろう。

さて，具体的な数値計算の例として以下のような場合を考えてみよう。

$$\frac{d^2y}{dx^2} = -4x^2 + x = g(x) \tag{7.79}$$

$$y(x=0) = 0,\ \ y(x=1) = 0.1$$

式(7.78)と同様に考えると，N を区間の分割数として，以下のような連立方程式を導くことができる。

$$\begin{bmatrix} 2 & -1 & & & & & & & \\ -1 & 2 & -1 & & & & & & \\ & -1 & 2 & -1 & & & & & \\ \vdots & \vdots & \vdots & \vdots & \vdots & \vdots & \vdots & \vdots & \vdots \\ \vdots & \vdots & \vdots & \vdots & \vdots & \vdots & \vdots & \vdots & \vdots \\ & & & & & & -1 & 2 & -1 \\ & & & & & & & -1 & 2 \end{bmatrix} \begin{bmatrix} y_1 \\ y_2 \\ y_3 \\ \vdots \\ \vdots \\ y_{N-2} \\ y_{N-1} \end{bmatrix}$$

$$= \begin{bmatrix} g_1 + y(x=0) \\ g_2 \\ g_3 \\ \vdots \\ \vdots \\ g_{N-2} \\ g_{N-1} + y(x=1) \end{bmatrix} \tag{7.80}$$

このときに刻み幅 $h(h = 1/N)$ を変化させた場合の数値解 $y(x)$ を**図 7.2** に示す。$N = 100$，$h = 0.01$ の場合は，$N = 5$，$h = 0.2$ の場合と比較して解析解との差が小さくなって，グラフ中では解析解と見分けがつかなくなっていることがおわかりいただけるだろう。

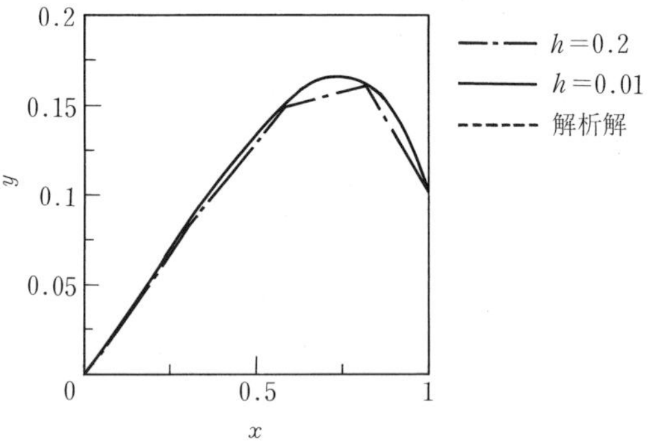

図 7.2　2 階常微分方程式の境界値問題の数値計算例

8

偏微分方程式

理工学の分野において，空間に連続して分布し，時間変化を生じる温度場，濃度場，流体の流れ場，電磁場などを知ることは重要である。このような場を支配する基礎方程式として偏微分方程式がある。

偏微分方程式は，微小体積要素における保存則などから体積無限小の極限で導出される。一方，偏微分方程式で記述されるような物理現象の数値解析では，有限な体積要素における保存則などから基礎式が直接導出されているコントロールボリューム法や直接差分法が利用されることも少なくない。つまり，偏微分方程式を差分化して数値解を求めるのではなく，物理現象に着目して差分式を求めている。いずれの手法においても，物理現象の法則から偏微分方程式が導出される過程を理解しておくことは有益である。

本章では，偏微分方程式の特徴，物理現象を支配する典型的な偏微分方程式を取り上げ，その数値解法を解説する。

8.1 物理現象と偏微分方程式

8.1.1 2階の偏微分方程式の分類

常微分方程式では，一般解には方程式の階数に等しい個数の任意の定数を含んでいる。2階の常微分方程式の一般解には二つの定数が含まれる。例えば，重力下における質点の放物運動では，ニュートンの運動方程式は2階の常微分方程式である。初期の位置とその速度ベクトルが与えられると二つの定数が決定され，常微分方程式の解から質点の軌道を知ることができる。

偏微分方程式の一般解は，その階数に等しい任意の関数を含んでいる。任意の関数から与えられた問題の解を選び出すために，初期条件あるいは境界条件が与えられる。初期条件とはある時刻の解を規定することであり，境界条件は注目している空間の境界部分の関数を規定することである。初期条件，境界条件が与えられても，偏微分方程式の一般解を解析的に得ることは容易ではない。むしろ，理工学の分野で物理現象を取り扱う場合，解析解が得られるのは例外的であり，数値解法により解を得ることが必要となる。

一般に，2 階の偏微分方程式は次式のように表される。

$$A\frac{\partial^2 u}{\partial x^2} + B\frac{\partial^2 u}{\partial x \partial y} + C\frac{\partial^2 u}{\partial y^2} = F\left(x,\ y,\ u,\ \frac{\partial u}{\partial x},\ \frac{\partial u}{\partial y}\right) \tag{8.1}$$

ここで A，B，C は定数である。A，B，C の係数により，つぎの 3 種類に分類されている。

$B^2 - 4AC < 0$ であれば，　楕円型

$B^2 - 4AC = 0$ であれば，　放物型

$B^2 - 4AC > 0$ であれば，　双曲型

それぞれの形に応じてその解にも特徴があり，重要な物理現象の支配方程式もこの 3 種類に分類される。

楕円型偏微分方程式は，2 次元で考えると

$$\frac{\partial^2 u}{\partial x^2} + \frac{\partial^2 u}{\partial y^2} = 0 \tag{8.2}$$

あるいは

$$\frac{\partial^2 u}{\partial x^2} + \frac{\partial^2 u}{\partial y^2} = f(x,\ y) \tag{8.3}$$

の形である。式(8.2)は**ラプラス方程式**（Laplace's equation），式(8.3)は**ポアソン方程式**（Poisson's equation）と呼ばれる。

放物型偏微分方程式は

$$\frac{\partial u}{\partial t} = \alpha\left(\frac{\partial^2 u}{\partial x^2}\right) + f(x,\ t) \tag{8.4}$$

の形をとり，拡散方程式がその典型である。

双曲型偏微分方程式は

$$\frac{\partial^2 u}{\partial t^2} = c^2\left(\frac{\partial^2 u}{\partial x^2}\right) + f(x,\ t) \tag{8.5}$$

の形式であり，波動などの伝播を取り扱うときに用いられる。

8.1.2　電磁場の偏微分方程式

電磁場における支配方程式はマックスウェル方程式と呼ばれている。マックスウェル方程式は

$$\nabla \cdot \boldsymbol{D} = \rho \tag{8.6}$$

$$\nabla \times \boldsymbol{E} + \frac{\partial \boldsymbol{B}}{\partial t} = 0 \tag{8.7}$$

$$\nabla \cdot \boldsymbol{B} = 0 \tag{8.8}$$

$$\nabla \times \boldsymbol{H} - \frac{\partial D}{\partial t} = \boldsymbol{J} \tag{8.9}$$

である。ここで，$\boldsymbol{E}$，$\boldsymbol{D}$ はそれぞれ電場の強さ，電束密度であり，$\boldsymbol{H}$，$\boldsymbol{B}$ はそれぞれ磁場の強さ，磁束密度である。ρ は電荷であり，$\boldsymbol{J}$ は電流密度である。マックスウェル方程式の上からそれぞれ，ガウスの法則，電磁誘導の法則，磁束密度の湧き出しなしの法則，アンペールの法則である。また，微分を表す記号は偏微分方程式ではしばしば見られ

$$\nabla \cdot \boldsymbol{A} = \mathrm{div}\boldsymbol{A} = \frac{\partial A_x}{\partial x} + \frac{\partial A_y}{\partial y} + \frac{\partial A_z}{\partial z}$$

は，ベクトル $\boldsymbol{A}$ の**発散**（divergence）であり

$$\begin{aligned}\nabla \times \boldsymbol{A} &= \mathrm{rot}\boldsymbol{A} \\ &= \left(\frac{\partial A_z}{\partial y} - \frac{\partial A_y}{\partial z}\right)\boldsymbol{i} + \left(\frac{\partial A_x}{\partial z} - \frac{\partial A_z}{\partial x}\right)\boldsymbol{j} + \left(\frac{\partial A_y}{\partial x} - \frac{\partial A_x}{\partial y}\right)\boldsymbol{k}\end{aligned}$$

は，ベクトル $\boldsymbol{A}$ の**回転**（rotation）である。

式(8.6)，(8.8)は典型的な楕円型偏微分方程式であり，前者がポアソン方程式，後者がラプラス方程式である。式(8.6)の積分を考えると，電気力線は＋

電荷から湧き出し，−電荷に吸い込まれる。閉じた曲面を貫く電気力線の和は，その閉曲面の内部に存在する電荷量に等しいことを表している。一方，式(8.8)の積分を考えると，磁荷は＋(N)，−(S) が単独で存在することはなく，閉じた曲面を貫く磁力線の和はつねに零である。この法則を微分型で表すと，式(8.6)，(8.8)になる。

電束密度と電場の強さ，磁束密度と磁場の強さの関係は，誘電率 ε，透磁率 μ を用いて関係づけられる。

$$\boldsymbol{D} = \varepsilon \boldsymbol{E} \tag{8.10}$$

$$\boldsymbol{B} = \mu \boldsymbol{H} \tag{8.11}$$

さらに，電流密度 $\boldsymbol{J}$ と電場の強さ $\boldsymbol{E}$ の関係

$$\boldsymbol{J} = \sigma \boldsymbol{E} \tag{8.12}$$

の関係式を式(8.7)，(8.9)に代入して

$$\nabla \times \boldsymbol{E} + \mu \frac{\partial \boldsymbol{H}}{\partial t} = 0 \tag{8.13}$$

$$\nabla \times \boldsymbol{H} - \varepsilon \frac{\partial \boldsymbol{E}}{\partial t} = \sigma \boldsymbol{E} \tag{8.14}$$

が得られる。式(8.14)を時間で偏微分すると

$$\nabla \times \frac{\partial \boldsymbol{H}}{\partial t} - \varepsilon \frac{\partial^2 \boldsymbol{E}}{\partial t^2} = \sigma \frac{\partial \boldsymbol{E}}{\partial t} \tag{8.15}$$

第1項に式(8.13)を代入すると

$$\begin{aligned} \varepsilon \frac{\partial^2 \boldsymbol{E}}{\partial t^2} + \sigma \frac{\partial \boldsymbol{E}}{\partial t} &= -\frac{1}{\mu} \nabla \times (\nabla \times \boldsymbol{E}) \\ &= -\frac{1}{\mu} [\nabla(\nabla \cdot \boldsymbol{E}) - \nabla^2 \boldsymbol{E}] \\ &= \frac{1}{\mu} \nabla^2 \boldsymbol{E} \end{aligned} \tag{8.16}$$

$c = \sqrt{1/\varepsilon\mu}$ として整理すると

$$\frac{\partial^2 \boldsymbol{E}}{\partial t^2} + \frac{\sigma}{\varepsilon} \frac{\partial \boldsymbol{E}}{\partial t} = c^2 \nabla^2 \boldsymbol{E} \tag{8.17}$$

の関係式が得られ，これは電場の強さの時間変化あるいは伝播を表す方程式で

ある。

式(8.17)の第1項が第2項に対して無視できるような条件（電場の強さの時間変化が非常に緩やかであり，時間に対する2階の偏微分は第2項よりも十分小さくなるとき）では

$$\frac{\sigma}{\varepsilon}\frac{\partial \boldsymbol{E}}{\partial t} = c^2\nabla^2\boldsymbol{E} \tag{8.18}$$

と近似され，これは放物型の偏微分方程式である。この偏微分方程式の形は拡散方程式と呼ばれ，拡散係数を $c^2(\varepsilon/\sigma)$ とする電場 $\boldsymbol{E}$ の拡散を表している。

一方，真空中では σ は零であり，式(8.17)の第2項がなくなり

$$\frac{\partial^2 \boldsymbol{E}}{\partial t^2} = c^2\nabla^2\boldsymbol{E} \tag{8.19}$$

となる偏微分方程式が導かれる。これは双曲型の偏微分方程式であり，真空中の電場の伝播を表す。さらに，式(8.17)において，定常状態（時間に対して変化がない状態）になると，いずれも左辺は零となり

$$\nabla \times \boldsymbol{E} = 0 \tag{8.20}$$

となる。この関係を満たす電場 $\boldsymbol{E}$ は電位 ϕ（スカラポテンシャル）を用いて

$$\boldsymbol{E} = -\nabla\phi \tag{8.21}$$

と表され，式(8.6)に代入すると

$$\nabla^2\phi = -\frac{\rho}{\varepsilon} \tag{8.22}$$

となり，楕円型の偏微分方程式の一つであるポアソン方程式が導かれる。

このように電磁場にかかわる解析では，3種類の偏微分方程式のいずれもが現れ，多くの分野で偏微分方程式の数値解法が用いられている。

8.1.3 保存量の偏微分方程式

保存量は，熱エネルギー，質量など保存則が成立する物理量のことであり，その空間分布や時間変化に関する情報は非常に多くの分野で必要とされる。**図8.1**に示す微小領域における保存量 u を考える。保存量の流束の流束ベクトルを $\boldsymbol{J} = (J_x,\ J_y,\ J_z)$ とすると，x 方向の負側の面の流入と正側の面の流出

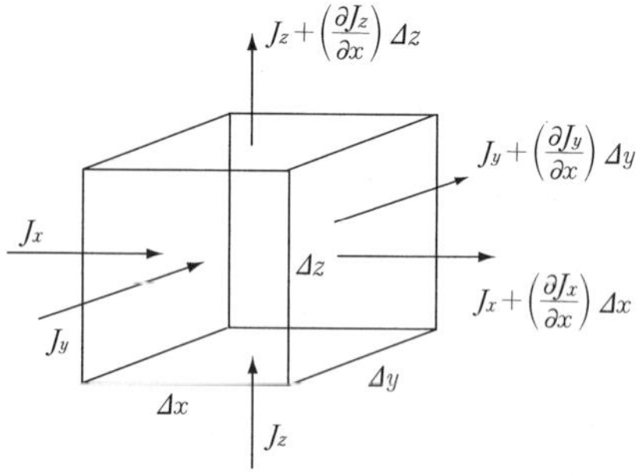

図 8.1　微小領域に流入・流出する保存量

の正味の差は $\Delta J_x \Delta y \Delta z$ と表され

$$\begin{aligned}\Delta J_x &= J_x(x) - J_x(x + \Delta x)\\ &= J_x(x) - J_x(x) - \left(\frac{\partial J_x}{\partial x}\right)\Delta x\\ &= -\left(\frac{\partial J_x}{\partial x}\right)\Delta x\end{aligned} \tag{8.23}$$

したがって，微小時間 Δt における微小領域 $\Delta x\Delta y\Delta z$ の保存則を考えると

$$\Delta u\{\Delta x\Delta y\Delta z\} + \left\{\left(\frac{\partial J_x}{\partial x}\right) + \left(\frac{\partial J_x}{\partial y}\right) + \left(\frac{\partial J_x}{\partial z}\right)\right\}\{\Delta x\Delta y\Delta z\Delta t\} = 0 \tag{8.24}$$

となる。Δx，Δy，Δz，Δt を無限小にとると

$$\frac{\partial u}{\partial t} + \left\{\left(\frac{\partial J_x}{\partial x}\right) + \left(\frac{\partial J_x}{\partial y}\right) + \left(\frac{\partial J_x}{\partial z}\right)\right\} = 0 \tag{8.25}$$

あるいは，式(8.10)の関係を用いて

$$\frac{\partial u}{\partial t} + \operatorname{div} \boldsymbol{J} = 0 \tag{8.26}$$

が導かれる。この式は熱エネルギー，質量といった保存量の移動を考えるうえで，最も基礎となる偏微分方程式である。

保存量 u に関する拡散方程式の導出を考える。保存量 u の流束は u の勾配に比例すると考えると，x 方向の流束は次式で表される。

$$J_x = -\lambda\frac{\partial u}{\partial x} \tag{8.27}$$

これは，熱移動ではフーリエの法則，物質移動ではフィックの第 1 法則として知られている。ここでは，流束のベクトル $\boldsymbol{J}$ はポテンシャルを表す物理量の勾配に比例すると考える。比例係数を λ とすると

$$\boldsymbol{J} = -\lambda\left(\frac{\partial u}{\partial x}\boldsymbol{i} + \frac{\partial u}{\partial y}\boldsymbol{j} + \frac{\partial u}{\partial z}\boldsymbol{k}\right) \tag{8.28}$$

あるいは

$$\boldsymbol{J} = -\lambda\,\mathrm{grad}\,(u) \tag{8.29}$$

となる。ただし，grad は次式で表す演算子である。

$$\mathrm{grad} = \boldsymbol{i}\frac{\partial}{\partial x} + \boldsymbol{j}\frac{\partial}{\partial y} + \boldsymbol{k}\frac{\partial}{\partial z} \tag{8.30}$$

ポテンシャルを表す物理量は，熱では温度，質量ではその化学種の化学ポテンシャルあるいは濃度に対応する。これらの式を用いると，式(8.26)は

$$\frac{\partial u}{\partial t} + \mathrm{div}(-\lambda\,\mathrm{grad}(u)) = 0 \tag{8.31}$$

となる。これが保存量についての時間発展の偏微分方程式であり，拡散方程式と呼ばれる。定数 λ は拡散係数であり，この偏微分方程式は放物型の典型である。

ここで物理量として熱エネルギーを考えると $u = \rho C_P T$ だから，熱拡散率を $\alpha(= \lambda/\rho C_P)$ とすると式(8.31)は

$$\frac{\partial(\rho C_P T)}{\partial t} + \mathrm{div}(-\alpha\,\mathrm{grad}(\rho C_P T)) = 0 \tag{8.32}$$

熱拡散率が一定とみなせる場合には

$$\frac{\partial(\rho C_P T)}{\partial t} - \alpha\nabla^2(\rho C_P T) = 0 \tag{8.33}$$

あるいは

$$\frac{\partial T}{\partial t} = \alpha\left(\frac{\partial^2 T}{\partial x^2} + \frac{\partial^2 T}{\partial y^2} + \frac{\partial^2 T}{\partial z^2}\right) \tag{8.34}$$

となり，熱拡散方程式が得られる。

また，定常状態（時間に対して変化しない状態）が実現されると，式(8.34)は

$$\frac{\partial^2 T}{\partial x^2}+\frac{\partial^2 T}{\partial y^2}+\frac{\partial^2 T}{\partial z^2}=0 \tag{8.35}$$

となり，楕円型のラプラス方程式となる。つまり，拡散方程式の定常解を求めることはラプラス方程式を解くことになる。

8.1.4　波動現象の偏微分方程式

双曲型偏微分方程式の典型は波動方程式である。ここでは，物理法則から弦の振動や波動の伝播を取り扱う波動方程式の導出を紹介する。

図 8.2 のように，水平（x 方向）に張られた弦の振動について考える。弦は均質であり，直径は一定であるとする。微小部分 x から $x+\Delta x$ の間に働く x，y 方向の力はそれぞれ

$$\begin{aligned} f_x &= T(x+dx)\cos\theta(x+dx)-T(x)\cos\theta(x) \\ f_y &= T(x+dx)\sin\theta(x+dx)-T(x)\sin\theta(x)+Wdx \end{aligned} \tag{8.36}$$

となる。ここで，W は単位長さ当りに作用する外力である。弦の変位が十分小さい（θ が十分に小さい）とし，$(\partial u/\partial x)^2$ は無視できるとすると

$$\tan\theta=\frac{\partial u}{\partial x} \tag{8.37}$$

であり

$$\sin\theta=\left[1+\left(\frac{1}{\tan\theta}\right)^2\right]^{-\frac{1}{2}}=\frac{\tan\theta}{\sqrt{1+\tan^2\theta}}\approx\frac{\partial u}{\partial x} \tag{8.38}$$

$$\cos\theta=\sqrt{1+\tan^2\theta}\approx 1 \tag{8.39}$$

が得られる。弦の変位が十分小さいときには，x 方向には運動していないとみなせるので $f_x=0$ である。すなわち

$$T(x+dx)=T(x)\equiv T_0 \tag{8.40}$$

である。f_y は

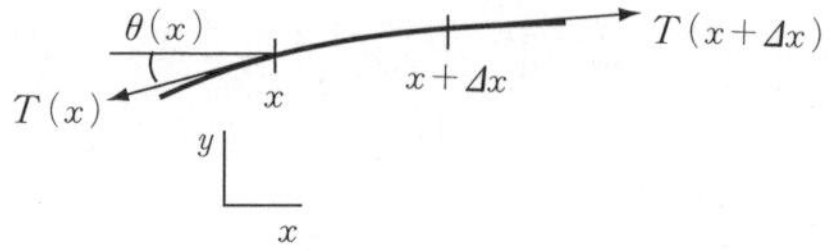

図 8.2　x 方向に張られた弦に作用する力

$$f_y = T_0 \sin \theta(x + dx) - T_0 \sin \theta(x) + Wdx$$

$$= T_0\left\{\sin \theta(x) + \frac{\partial \sin \theta(x)}{\partial x}dx - \sin \theta(x)\right\}dx + Wdx$$

$$= \left\{T_0 \frac{\partial}{\partial x}\left(\frac{\partial u}{\partial x}\right) + W\right\}dx \tag{8.41}$$

である。線密度を ρ として運動方程式をたてると

$$\rho \frac{\partial^2 u}{\partial t^2} = T_0\left(\frac{\partial^2 u}{\partial x^2}\right) + W \tag{8.42}$$

が得られる。

$$\frac{\partial^2 u}{\partial t^2} = c^2\left(\frac{\partial^2 u}{\partial x^2}\right) + \frac{W}{\rho} \tag{8.43}$$

ただし

$$c = \sqrt{\frac{T_0}{\rho}} \tag{8.44}$$

である。式(8.44)は**波動方程式**（wave equation）と呼ばれる。重力などの外力が無視できる場合には

$$\frac{\partial^2 u}{\partial t^2} = c^2 \frac{\partial^2 u}{\partial t^2} \tag{8.45}$$

となる。

これらの2階偏微分方程式は，境界条件あるいは初期条件を与えて解くことになる。解の性質や境界条件には，先の2種類の分類に対応した特徴があり，正しい数値解を得るためには，その性質を理解しておくことが役立つ。

8.1.5　流体運動の偏微分方程式

空気や水などの流体の運動を取り扱う流体力学では，大気循環・海流といった地球規模を対象とした流れから，機械・航空，材料プロセスなど非常に多くの分野で取り扱われている。流体の運動を表す基礎方程式は通常，複数の偏微分方程式から構成され，解析的な解が得られることは例外的である。したがって，コンピュータを用いた数値解析が応用されている。ここでは，流体に関する偏微分方程式を示し，最も基本的な数値解析法については8.5節において述

べる。

流体の基礎方程式は，物理量の保存則から導かれる。一般的には，対象とする物理量は，質量，運動量，エネルギーである。ここでは簡単のため，非圧縮流体について取り扱う。この場合には，質量と運動量の保存を表す方程式により流体の運動を表すことができる。

まず，式(8.26)の一般的な保存則を表す偏微分方程式から質量保存を考えると

$$\frac{\partial \rho}{\partial t}+\mathrm{div}(\rho \boldsymbol{u})=0 \tag{8.46}$$

と表される。ρ は密度，$\boldsymbol{u}$ は速度ベクトルである。第1項が密度の変化，第2項が微小領域に流入する量を示している。また，この質量保存則は連続の式とも呼ばれる。流体が圧縮・膨張しない非圧縮性流体であり，対象とする領域が均質である場合には，第1項は零となる。したがって，質量保存則は式(8.47)で表される。

$$\frac{\partial u_x}{\partial x}+\frac{\partial u_y}{\partial y}+\frac{\partial u_z}{\partial z}=0 \tag{8.47}$$

u_x，u_y，u_z は流速のそれぞれ x，y，z 方向成分である。

つぎに運動量保存則について考える。**図8.3**に示す微小領域について運動量保存は，単位時間当りの

（運動量増加）

＝(流入する運動量)－(流出する運動量)＋(外力による力積)

を考えることになる。微小領域の運動量の単位時間当りの増加は

$$\rho(\Delta x\Delta y\Delta z)\frac{\partial u_x}{\partial t} \tag{8.48}$$

単位時間当りの（流入する運動量)－(流出する運動）は

$$\rho u_x\cdot u_x\Delta y\Delta z-\rho\left(u_x+\frac{\partial u_x}{\partial x}\Delta x\right)\cdot\left(u_x+\frac{\partial u_x}{\partial x}\Delta x\right)\Delta y\Delta z$$

$$+\rho u_y\cdot\left(u_x+\frac{\partial u_x}{\partial x}\frac{\Delta x}{2}-\frac{\partial u_x}{\partial y}\frac{\Delta y}{2}\right)\Delta z\Delta x$$

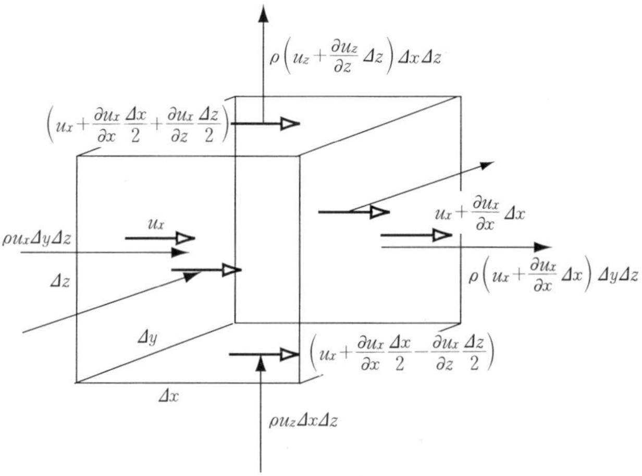

図 8.3 微小領域の各面に流入・流出する質量と x 方向の速度の積が流入・流出する運動量（x，z 方向について，流入・流出する質量とその x 方向の流速を示している。）

$$
\begin{aligned}
&-\rho\left(u_y+\frac{\partial u_y}{\partial y}\Delta y\right)\cdot\left(u_x+\frac{\partial u_x}{\partial x}\frac{\Delta x}{2}+\frac{\partial u_x}{\partial y}\frac{\Delta y}{2}\right)\Delta z\Delta x\\
&+\rho u_z\cdot\left(u_x+\frac{\partial u_x}{\partial x}\frac{\Delta x}{2}-\frac{\partial u_x}{\partial z}\frac{\Delta z}{2}\right)\Delta y\Delta x\\
&-\rho\left(u_z+\frac{\partial u_z}{\partial z}\Delta z\right)\cdot\left(u_x+\frac{\partial u_x}{\partial x}\frac{\Delta x}{2}+\frac{\partial u_x}{\partial z}\frac{\Delta z}{2}\right)\Delta z\Delta x\\
=&-\rho\left(2u_x\frac{\partial u_x}{\partial x}+u_y\frac{\partial u_x}{\partial y}+u_x\frac{\partial u_y}{\partial y}+u_z\frac{\partial u_x}{\partial z}+u_x\frac{\partial u_z}{\partial z}\right)\Delta x\Delta y\Delta z\\
=&-\rho\left(u_x\frac{\partial u_x}{\partial x}+u_y\frac{\partial u_x}{\partial y}+u_z\frac{\partial u_x}{\partial z}\right)\Delta x\Delta y\Delta z \qquad (8.49)
\end{aligned}
$$

となる。第 1 項，第 2 項は x 方向に垂直な面から流入，流出する x 方向の運動量である。第 3，4 項と第 5，6 項はそれぞれ y 方向，z 方向に垂直な面から流入，流出する x 方向の運動量である。ただし，微小量の 3 次以上の項を無視し，質量保存則を用いている。

微小領域に作用する外力の一つは粘性力である。**図 8.4** に示すように粘性力は垂直応力成分 τ_{xx} とせん断力成分 τ_{xy}，τ_{xz} からなり，x 方向についての粘性力は

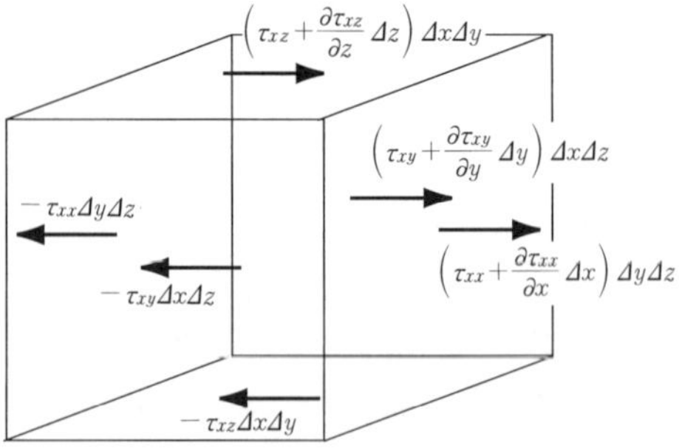

図 8.4　微小領域の各面に作用する粘性力

$$\frac{\partial \tau_{xx}}{\partial x}\Delta x\Delta y\Delta z+\frac{\partial \tau_{yx}}{\partial y}\Delta x\Delta y\Delta z+\frac{\partial \tau_{zx}}{\partial z}\Delta x\Delta y\Delta z \tag{8.50}$$

である。変形抵抗が速度に比例するニュートン流体とすると，応力成分と圧力 P と流速（u_x，u_y，u_z）の関係は

$$\tau_{xx}=-P+2\mu\frac{\partial u_x}{\partial x} \tag{8.51}$$

$$\tau_{yx}=\mu\left(\frac{\partial u_x}{\partial y}+\frac{\partial u_y}{\partial x}\right),\quad \tau_{zx}=\mu\left(\frac{\partial u_x}{\partial z}+\frac{\partial u_z}{\partial x}\right) \tag{8.52}$$

である。ただし，μ は流体の粘度である。これらの関係を用いると，式(8.50)の粘性力は

$$\begin{aligned}&\left(-\frac{\partial P}{\partial x}+2\mu\frac{\partial^2 u_x}{\partial x^2}\right)\Delta x\Delta y\Delta z\\&\quad+\mu\left(\frac{\partial^2 u_x}{\partial y^2}+\frac{\partial^2 u_y}{\partial x\partial y}\right)\Delta x\Delta y\Delta z\\&\quad+\mu\left(\frac{\partial^2 u_x}{\partial z^2}+\frac{\partial^2 u_z}{\partial x\partial z}\right)\Delta x\Delta y\Delta z\\&=\left\{-\frac{\partial P}{\partial x}+\mu\left(\frac{\partial^2 u_x}{\partial x^2}+\frac{\partial^2 u_x}{\partial y^2}+\frac{\partial^2 u_x}{\partial z^2}\right)\right.\\&\quad\left.+\mu\frac{\partial}{\partial x}\left(\frac{\partial u_x}{\partial x}+\frac{\partial u_y}{\partial y}+\frac{\partial u_z}{\partial z}\right)\right\}\Delta x\Delta y\Delta z\\&=\left\{-\frac{\partial P}{\partial x}+\mu\left(\frac{\partial^2 u_x}{\partial x^2}+\frac{\partial^2 u_x}{\partial y^2}+\frac{\partial^2 u_x}{\partial z^2}\right)\right\}\Delta x\Delta y\Delta z\end{aligned} \tag{8.53}$$

となる。単位質量当りに作用する重力などの外力（体積力）を F_x として，式

(8.48)，(8.49)，(8.53) と用いて，運動量保存の方程式が求められる。y，z 方向も同様に求められ

$$
\begin{aligned}
&\frac{\partial u_x}{\partial t} + u_x\frac{\partial u_x}{\partial x} + u_y\frac{\partial u_x}{\partial y} + u_z\frac{\partial u_x}{\partial z} \\
&\quad = -\frac{1}{\rho}\frac{\partial P}{\partial x} + \nu\left(\frac{\partial^2 u_x}{\partial x^2} + \frac{\partial^2 u_x}{\partial y^2} + \frac{\partial^2 u_x}{\partial z^2}\right) + F_x \\
&\frac{\partial u_y}{\partial t} + u_x\frac{\partial u_y}{\partial x} + u_y\frac{\partial u_y}{\partial y} + u_z\frac{\partial u_y}{\partial z} \\
&\quad = -\frac{1}{\rho}\frac{\partial P}{\partial y} + \nu\left(\frac{\partial^2 u_y}{\partial x^2} + \frac{\partial^2 u_y}{\partial y^2} + \frac{\partial^2 u_y}{\partial z^2}\right) + F_y \\
&\frac{\partial u_z}{\partial t} + u_x\frac{\partial u_z}{\partial x} + u_y\frac{\partial u_z}{\partial y} + u_z\frac{\partial u_z}{\partial z} \\
&\quad = -\frac{1}{\rho}\frac{\partial P}{\partial z} + \nu\left(\frac{\partial^2 u_z}{\partial x^2} + \frac{\partial^2 u_z}{\partial y^2} + \frac{\partial^2 u_z}{\partial z^2}\right) + F_x
\end{aligned}
\tag{8.54}
$$

となる。ただし，$\nu = \mu/\rho$ は動粘度である。この方程式は**ナビエ-ストークス** (Navier-Stokes) **方程式**という。式(8.47)，(8.54)を連立して解くことにより，非圧縮性流体の流れを求めることができる。

8.2　ラプラス-ポアソン方程式の数値解

楕円型であるラプラス方程式で表される物理現象では偏微分方程式の対象とする領域の境界条件が与えられることが多い。2 次元の定常状態の温度分布を求める場合，領域の境界上の温度が与えられることがある。このようにすべての境界上で関数値が与えられる問題は**ディリクレ問題** (Dirichlet problem) と呼ばれる。一方，境界上で導関数値が与えられる場合には**ノイマン問題** (Neumann problem) と呼ばれる。

ここでは，境界上の温度が与えられた条件で 2 次元定常温度分布について数値解を求める。**図 8.5** のような $0 < x < L_x$，$0 < y < L_y$ の長方形の温度分布を考えることにする。定常状態の熱拡散方程式は次式である。

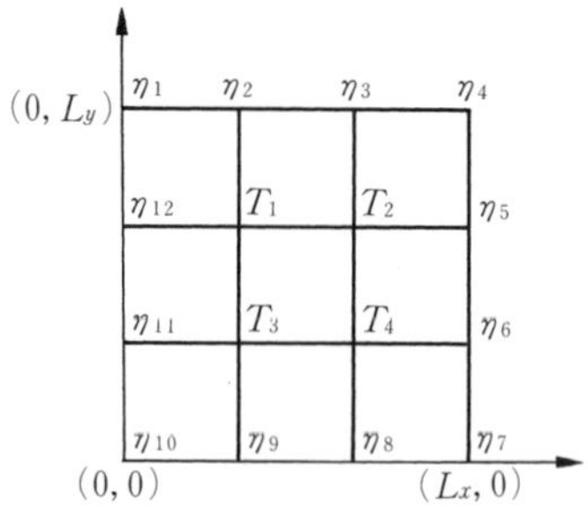

図 8.5　境界の温度 η_i が与えられた2次元定常温度分布

$$\frac{\partial^2 T}{\partial x^2} + \frac{\partial^2 T}{\partial y^2} = 0 \tag{8.55}$$

境界条件はつぎの関数で与えられるとする。

$$T(x,\ y) = \eta(x,\ y) \tag{8.56}$$

最も簡単なケースとして，長方形を x，y 方向にそれぞれ三つに等分割する。この離散化された格子点上の温度から長方形の温度分布 $T(x,\ y)$ を近似することになる。x 方向，y 方向の格子間隔をそれぞれ Δx，Δy とする。

テイラー展開を温度 T について行うと

$$T(x \pm \Delta x,\ y) = T(x,\ y) \pm (\Delta x)\cdot T_x(x,\ y) + \frac{(\Delta x)^2}{2}\cdot T_{xx}(x,\ y) + \cdots \tag{8.57}$$

$$T(x,\ y \pm \Delta y) = T(x,\ y) \pm (\Delta y)\cdot T_y(x,\ y) + \frac{(\Delta y)^2}{2}\cdot T_{yy}(x,\ y) + \cdots \tag{8.58}$$

ここで，T_x，T_{xx} はそれぞれ x の1，2階の偏微分を表す。式(8.57)の $\pm\Delta x$ の場合を加えて整理すると

$$T_{xx}(x,\ y) = \frac{T(x+\Delta x,\ y) - 2T(x,\ y) + T(x-\Delta x,\ y)}{(\Delta x)^2} \tag{8.59}$$

y 方向についても同様に

$$T_{yy}(x,\ y) = \frac{T(x,\ y+\Delta y) - 2T(x,\ y) + T(x,\ y-\Delta y)}{(\Delta y)^2} \tag{8.60}$$

が得られる。これは中心差分を用いたことと等価である。式(8.59)，(8.60)を式(8.55)に代入すると

$$T(x,\ y) - pT(x - \varDelta x,\ y) - pT(x + \varDelta x,\ y) - qT(x,\ y - \varDelta y) - qT(x,\ y + \varDelta y) = 0 \tag{8.61}$$

ただし

$$p = \frac{1}{2(\varDelta x)^2}\left[\frac{1}{(\varDelta x)^2} + \frac{1}{(\varDelta y)^2}\right]^{-1},\quad q = \frac{1}{2(\varDelta y)^2}\left[\frac{1}{(\varDelta x)^2} + \frac{1}{(\varDelta y)^2}\right]^{-1} \tag{8.62}$$

である。

式(8.62)は離散化された格子点の温度と隣接する温度が式(8.55)のポアソン方程式を満足するための条件である。係数 p，q は1/2以下の正数である。

図8.5の格子点1について式(8.62)の関係式を求めると

$$T_1 - p\eta_{12} - pT_2 - qT_3 - q\eta_2 = 0 \tag{8.63}$$

となる。η は式(8.56)の境界条件から求められる定数である。このような関係式が求めるべき各格子点すべてに得られる。すなわち，未知数と同じ数の関係式が得られ，整理すると

$$\begin{bmatrix} 1 & -p & -q & 0 \\ -p & 1 & 0 & -q \\ -q & 0 & 1 & -p \\ 0 & -q & -p & 1 \end{bmatrix}\begin{bmatrix} T_1 \\ T_2 \\ T_3 \\ T_4 \end{bmatrix} = \begin{bmatrix} p\eta_{12} + q\eta_2 \\ p\eta_5 + q\eta_3 \\ p\eta_{11} + q\eta_9 \\ p\eta_6 + q\eta_8 \end{bmatrix} \tag{8.64}$$

で表される連立1次方程式となる。ポアソン方程式の解を求めることは上記の連立1次方程式を解くことになる。

式(8.64)の例では未知数が四つであり，この程度の連立方程式を解くことは容易である。しかし，少ない分割で十分な情報が得られることはなく，多くの要素分割で数値解を求めるのが一般的である。例えば，x，y 方向に100分割した場合には，ほぼ1万個の未知数を連立1次方程式で解くことが必要となる。連立方程式の解法は3章で述べたが，計算時間・記憶容量などの制約や係数行列の性質からその解法についても慎重に吟味する必要がある。

p, q の大きさは先にも述べたように1/2以下であるから，対角項よりも大きくなることはない。狭い意味で対角優位である。さらに，分割数を増加させても，0でない項は対角項を含めて最大5項であり，疎な行列である。多くの未知数を扱う必要がある条件では，直接法よりも間接法（反復法）のほうが記憶容量の点で有利である。そこで，ガウス-ザイデル法やSOR法などを用いて解くのが一般的である。

8.3　拡散方程式の数値解

8.3.1　陽　　解　　法

拡散方程式は温度場，濃度場などを支配する偏微分方程式であり，保存側から導かれる。**図8.6**に示すような1次元の熱伝導とみなせる長さ L の棒の温度 $T(x,\ t)$ の数値解を求める。1次元の熱拡散方程式は

$$\frac{\partial T}{\partial t} = \alpha \frac{\partial^2 T}{\partial x^2} \tag{8.65}$$

である。初期条件，境界条件は

$$T(x,\ 0) = f(x) \qquad (0 < x < L) \tag{8.66}$$

$$T(0,\ t) = T_1{}^*, \quad T(L,\ t) = T_2{}^* \tag{8.67}$$

長さ L を Δx で，時間と Δt で分割し，温度場を離散化する。**図8.7**に示すように，数値解は，x と t の2次元平面の格子点の温度（離散化された温度）を差分式から求める。

時刻 $t_{n+1} = t_n + \Delta t$，位置 x_i の温度に対するテイラー展開を1次まで行うと

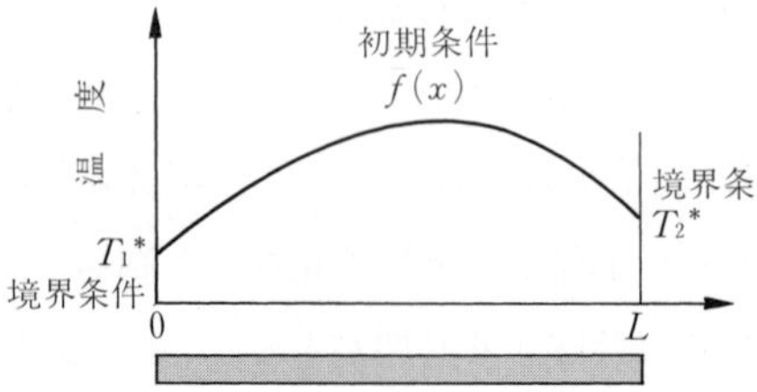

図8.6　長さ L の棒における1次元熱伝導問題（初期条件と境界条件）

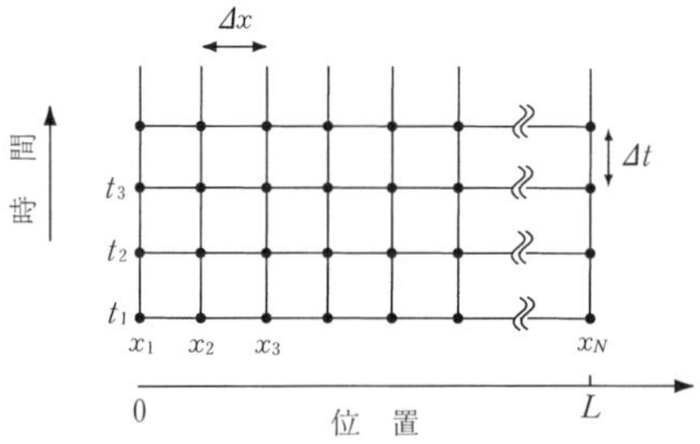

図 8.7　熱拡散方程式の離散化の模式図

$$T(x_i,\ t_n \pm \Delta t) = T(x_i,\ t_n) \pm (\Delta t)\cdot T_t(x_i,\ t_n) \tag{8.68}$$

となる。時刻 t の添え字は離散化された時刻を示し，Δt 間隔である。位置 x の添え字は格子点位置を示しており，Δx 間隔である。

式(8.68)の±符号の＋のテイラー展開により，式(8.65)の左辺は

$$\frac{\partial}{\partial t}T(x_i,\ t_n) = \frac{T(x_i,\ t_{n+1}) - T(x_i,\ t_n)}{\Delta t} \tag{8.69}$$

と差分化される。式(8.69)は，時刻 t_n から時刻 t_{n+1} に時間進行に対応した差分であり，前進差分という。

つぎに，式(8.65)の右辺の位置 x に対する 2 階の偏微分は，式(8.59)と同様な差分（中心差分）により

$$\frac{\partial^2}{\partial x^2}T(x_i,\ t_n) = \frac{T(x_{i+1},\ t_n) - 2T(x_i,\ t_n) + T(x_{i-1},\ t_n)}{(\Delta x)^2} \tag{8.70}$$

となる。式(8.69)，(8.70)を式(8.65)に代入すると，熱拡散方程式の差分式が得られる。

$$T(x_i,\ t_{n+1}) = pT(x_{i-1},\ t_n) + (1 - 2p)T(x_i,\ t_n) + pT(x_{i+1},\ t_n) \tag{8.71}$$

ただし

$$p = \frac{\alpha\Delta t}{(\Delta x)^2} \tag{8.72}$$

である。

式(8.71)の左辺の温度は時刻 t_{n+1} であり，右辺の温度はすべて時刻 t_n である。すなわち，時刻 t_n の温度が決まると，式(8.71)の差分式より時刻 t_{n+1} の

温度が計算できる。時刻 0 の温度は初期値として与えられており，p に関する適切な条件で時間に対して逐次的に計算することにより，図 8.7 のすべての格子点で温度が求められる。このような解法は**陽解法**（explicit method）と呼ばれている。

陽解法で計算を行う場合には，式(8.72)で示された p の値を適切に設定することが重要である。$P > 0.5$ 以上の値を用いると，新たな時間の温度を計算するごとに温度が振動する現象が生じる。したがって，$p \leqq 0.5$ に設定する必要がある。

例として，長さ 1 m の Al 棒（熱拡散率 1×10^{-4} m²/s）の熱伝導を考える。Al の両端はつねに 273 K とし（境界条件），初期条件は時刻 0（$n = 0$）のときに中心が 523 K で直線的に分布している（初期条件）とする。x 方向は 0.1 m 間隔で分割し，$p = 0.45$（$\Delta t = 4.5 \times 10^{-1}$ s）と $p = 0.55$（$\Delta t = 5.5 \times 10^{-1}$ s）の値で，式(8.71)を用いて Al 棒の温度分布の時間変化を計算した結果を**図 8.8** に示す。

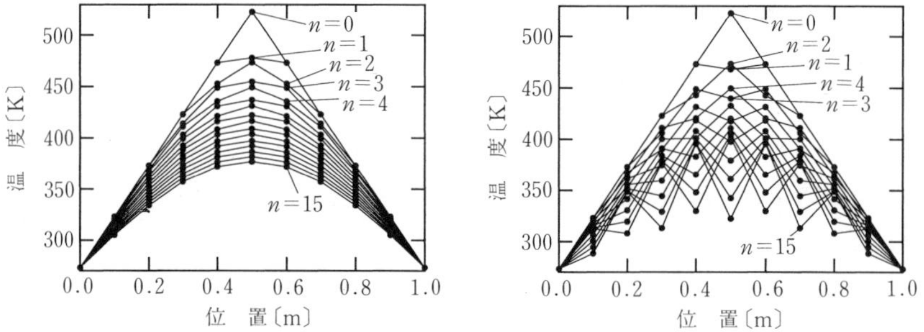

（a）　$p = 0.45(\Delta t = 4.5 \times 10^{-1}\,\mathrm{s})$　　（b）　$p = 0.55(\Delta t = 5.5 \times 10^{-1}\,\mathrm{s})$

図 8.8　陽解法による 1 次元熱伝導の数値解析の安定性（$n = 0$ は初期条件を示す）

図中の n は時刻 t_n の添え字に対応しており，$n = 0$ は初期条件を示している。図(a)は安定条件の範囲である $p = 0.45$ を用いて計算した結果である。時間の進展に伴って棒全体の温度が低下している。一方，不安定条件である $p = 0.55$ では，時間の進展に伴って温度が振動し，解から大きくはずれている。

陽解法により数値解を求めるためには，$p \leqq 0.5$ を満たす必要があることがわかる。

この陽解法における「$p \leqq 0.5$」の安定条件は大きな制約である。例えば，位置の分割を 1/10 にすると，式(8.72)より時間分割は 1/100 にする必要が生じる。つまり，空間の情報を 10 倍増やそうとすると，時間分割が 100 倍になることを示している。

8.3.2　陰　解　法

式(8.68)の符号±の－に対するテイラー展開から時間に対する偏微分を求めると

$$\frac{\partial}{\partial t} T(x_i,\ t_n) = \frac{T(x_i,\ t_n) - T(x_i,\ t_{n-1})}{\Delta t} \tag{8.73}$$

となる。これは時間に対して，後退差分を行っている。この時間に対する後退差分を用いて，熱拡散方程式を差分化すると

$$-pT(x_{i+1},\ t_n) + (1+2p)T(x_i,\ t_n) - pT(x_{i-1},\ t_n) = T(x_i,\ t_{n-1}) \tag{8.74}$$

が導かれる。右辺が時刻 t_{n-1} のときの温度であり，左辺はつぎの時刻 t_n の温度である。時刻 t_{n-1} の温度は既知であり，各格子点について時刻 t_n の温度の関係式を求めることにより，連立 1 次方程式が得られる。この連立 1 次方程式から，時刻 t_n の温度を求める方法を**陰解法**（implicit method）と呼ぶ。

式(8.74)から連立方程式の形に整理すると，次式が得られる。

$$\begin{bmatrix} 1+2p & -p & 0 & \cdots & 0 & 0 \\ -p & 1+2p & -p & \cdots & 0 & 0 \\ 0 & -p & 1+2p & \cdots & 0 & 0 \\ \cdots & \cdots & \cdots & \cdots & \cdots & \cdots \\ 0 & 0 & 0 & \cdots & 1+2p & -p \\ 0 & 0 & 0 & \cdots & -p & 1+2p \end{bmatrix} \begin{bmatrix} T(x_1,\ t_{n+1}) \\ T(x_2,\ t_{n+1}) \\ T(x_3,\ t_{n+1}) \\ \cdots \\ T(x_{N-1},\ t_{n+1}) \\ T(x_N,\ t_{n+1}) \end{bmatrix}$$

$$
= \begin{bmatrix} T(x_1, & t_n) \\ T(x_2, & t_n) \\ T(x_3, & t_n) \\ & \cdots \\ T(x_{N-1}, & t_n) \\ T(x_N, & t_n) \end{bmatrix} + p \begin{bmatrix} T_1^* \\ 0 \\ 0 \\ \cdots \\ 0 \\ T_2^* \end{bmatrix} \tag{8.75}
$$

右辺第 2 項は境界条件であり，両端はそれぞれ T_1^*，T_2^* になっている。式(8.75)に示されるように対角項は $1+2p$ であり非対角項に現れる $-p$ よりも必ず大きく，対角優位である。さらに，対角項の前後以外の係数は 0 である。したがって，ここで扱った 1 次元の熱拡散の問題では，直接法（消去法）でも，間接法（反復法）でも比較的容易に解ける。さらに，この陰解法の場合には，陽解法のように解が振動しないための p の制限はない。したがって，1 次元の熱伝導の問題では陰解法のほうがそれほど計算量も増えることなく，安定した解が得られる。ただし，振動しないことと正しい解が得られることは同じではない。要求される精度を満たすような p を選択することは必要である。

2 次元，3 次元に拡張した場合には，広い意味で対角優位が保たれても，式(8.75)のように 3 項対角型ではなくなる。このような場合には間接法（反復法）を用いた連立 1 次方程式の解法のほうが有利である場合が多い。

図 8.9 は陽解法と陰解法の比較である。陽解法では，隣接する要素の前の時間ステップの温度から新たな時刻の温度を求めているため，隣接要素を越えた熱エネルギーが無視できる程度に時間間隔 Δt を小さく設定する必要がある。これが陽解法で現れた $p \leqq 0.5$ の条件である。一方，式(8.75)を解く陰解法では，すべての格子点の温度情報から新たな時刻の温度を求めているため，熱エネルギーの移動が要素を越えるような条件でも解が求められる。解の安定性の面では，陰解法が優れている。

一方，陰解法では連立方程式を解く必要があり，未知数が増加するとそれほど容易ではない。陽解法では逐次的に温度を求めることができるので，未知数

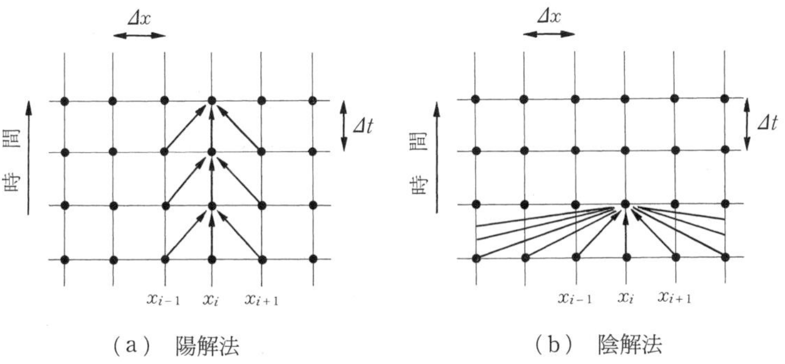

図 8.9 熱拡散（伝導）方程式の数値解の相互関係

の増加が著しい計算量・記憶容量の増加を招くことはない。この点では，陽解法が優れている。

8.3.3 クランク–ニコルソン法

陽解法の式(8.71)と陰解法の式(8.74)に重み θ を付けてまとめると，熱拡散方程式の差分式は

$$T(x_i,\ t_{n+1}) - T(x_i,\ t_n) = \theta p\{T(x_{i+1},\ t_{n+1}) - 2T(x_i,\ t_{n+1}) + T(x_{i-1},\ t_{n+1})\} + (1-\theta)p\{T(x_{i+1},\ t_n) - 2T(x_i,\ t_n) + T(x_{i-1},\ t_n)\} \tag{8.76}$$

となる。ただし，左辺の時間微分項の時刻をそろえるために陰解法の差分式は時刻を Δt だけ進めている。差分式右辺の第 1 項が陰解法，第 2 項が陽解法の寄与である。式(8.76)を整理すると

$$-\theta pT(x_{i+1},\ t_{n+1}) + (1+2\theta p)T(x_i,\ t_{n+1}) - \theta pT(x_{i-1},\ t_{n+1}) = (1-\theta)pT(x_{i+1},\ t_n) + [1-2(1-\theta)p]T(x_i,\ t_n) + (1-\theta)pT(x_{i-1},\ t_n) \tag{8.77}$$

となる。式(8.77)は $\theta = 0$，$\theta = 1$ のときにそれぞれ式(8.71)，(8.74)に一致する。陰解法と同様に左辺の時刻 t_{n+1} の温度を未知数として，各格子点の差分式から連立 1 次方程式が得られる。初期条件，境界条件が式(8.66)，(8.67)であると

$$
\begin{bmatrix}
1+2\theta p & -\theta q & 0 & \cdots & 0 & 0 \\
-\theta p & 1+2\theta p & -\theta p & \cdots & 0 & 0 \\
0 & -\theta p & 1+2\theta p & \cdots & 0 & 0 \\
\cdots & \cdots & \cdots & \cdots & \cdots & \cdots \\
0 & 0 & 0 & \cdots & 1+2\theta p & -\theta p \\
0 & 0 & 0 & \cdots & -\theta p & 1+2\theta p
\end{bmatrix}
\begin{bmatrix}
T(x_1,\ t_{n+1}) \\ T(x_2,\ t_{n+1}) \\ T(x_3,\ t_{n+1}) \\ \cdots \\ T(x_{N-1},\ t_{n+1}) \\ T(x_N,\ t_{n+1})
\end{bmatrix}
$$

$$
=\begin{bmatrix}
1-2(1-\theta)p & (1-\theta)q & 0 & \cdots & 0 & 0 \\
(1-\theta)p & 1-2(1-\theta)p & (1-\theta)p & \cdots & 0 & 0 \\
0 & (1-\theta)p & 1-2(1-\theta)p & \cdots & 0 & 0 \\
\cdots & \cdots & \cdots & \cdots & \cdots & \cdots \\
0 & 0 & 0 & \cdots & 1-2(1-\theta)p & (1-\theta)p \\
0 & 0 & 0 & \cdots & (1-\theta)p & 1-2(1-\theta)p
\end{bmatrix}
\begin{bmatrix}
T(x_1,\ t_n) \\ T(x_2,\ t_n) \\ T(x_3,\ t_n) \\ \cdots \\ T(x_{N-1},\ t_n) \\ T(x_N,\ t_n)
\end{bmatrix}
+p\begin{bmatrix}
T_1^* \\ 0 \\ 0 \\ \cdots \\ 0 \\ T_2^*
\end{bmatrix}
\tag{8.78}
$$

解が振動しない条件は，$0.5 \leqq \theta \leqq 1$ の条件である。θ がこの範囲にあれば p には依存しない。特に $\theta = 0.5$ を用いる解法は**クランク-ニコルソンの解法**（Crank-Nicolson method）と呼ばれている。この解法は，陽解法と陰解法を平均化しているので，時間微分を求めた前進差分と後退差分を平均化していることになり，一般的には時間精度がよい。p に依存せず，時間精度もよいことがこの方法の特徴である。特に陰解法と比較すると，連立 1 次方程式を解く計算量は変わらないが，精度が向上する。

クランク-ニコルソン法，陰解法には p の大きさに制約がないのは利点である。しかし，任意の p に対して解が振動しないことは，必ずしも解の精度が高いことを保証しているのではない。数値計算では対象が複雑になるほど，解法と適切な条件の選択，さらに得られた数値解を吟味する必要がある。

8.3.4　有限な体積要素に対する差分化

熱や質量のような保存量に対する支配方程式は式(8.26)の偏微分方程式で表された。この偏微分方程式は注目している要素を無限小の極限をとることにより導かれる。すなわち，偏微分方程式は要素の大きさが無限小で成立する。

一方，数値計算では保存量は実空間・時間で離散化されているので，ある有限の体積に対して差分方程式を適用している。テイラー展開により離散化された微分方程式を差分方程式ととらえることは不十分である。ここでは，有限体積の要素を対象とした差分方程式の導出とその意味を考える。

図 8.10 のように温度は直交する格子点に従い離散化されているとする。格子点 i に注目し，隣接する格子点との中間位置を境界とすると，格子点 i を内部に含む領域ができ，この領域をコントロールボリュームと呼ぶ。このコントロールボリュームに関するエネルギー保存則を考えると，この要素内部の熱エネルギーの増加と隣接要素との境界から流れ出した熱エネルギーの総和が 0 になる。したがって

$$(\rho C_p)(T_i^{n+1} - T_i^n)V_i + \sum_k J_{i,k} = 0 \tag{8.79}$$

となる。ρ，C_p はそれぞれ密度と定圧比熱であり，V_i は要素 i の体積である。温度の上部の添え字は時間，下部は要素を示している。$J_{i,k}$ は要素 i と要素 k の境界面を i から k に向かって移動した熱エネルギーであり，隣接要素に対

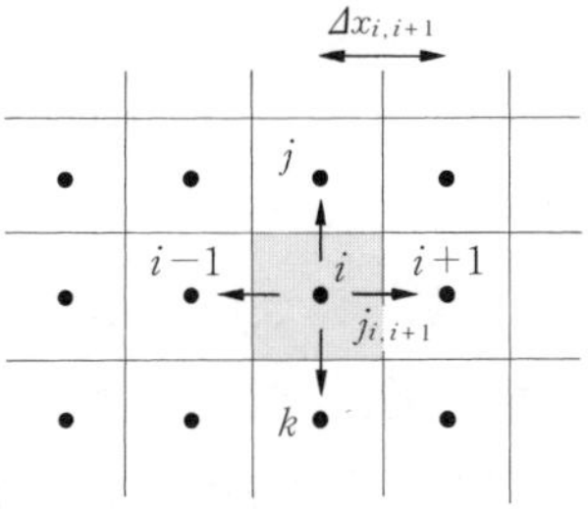

図 8.10　格子点とコントロールボリューム

する和をとっている。

要素間の境界面を移動した熱量 $J_{i,k}$ はフーリエの法則より

$$J_{i,k} = -\lambda \frac{(T_k^n - T_i^n)}{\Delta x_{i,k}} S_{i,k} \Delta t \tag{8.80}$$

と表すことができる。$S_{i,k}$ は要素 i と k の境界面の面積であり，$\Delta x_{i,k}$ は要素 i と k の要素間の距離である。Δt はタイムステップであり，T^n と T^{n+1} の時間間隔である。式(8.79)と式(8.80)より差分式が得られる。

偏微分方程式を出発点としたテイラー展開による差分化は，偏微分方程式の近似式である。それに対して，コントロールボリュームの保存則から導かれる差分式は，コントロールボリュームにわたり偏微分方程式を積分した方程式の近似式である。数学的には等価であるが，数値解析的には必ずしも同じではない。

図 8.10 の直交格子を使う場合には，式(8.79)，(8.80)から導かれる差分式は，8.3.1 項で得られた差分式と同じ形になる。しかし，この差分式の導出は偏微分方程式を出発点にしておらず，数値解析を行ううえで大きな違いが生じる。例えば，コントロールボリュームのエネルギー保存則を考える導出では，直交要素以外の要素にも柔軟に適用できる。このような要素を用いた系では微分方程式を差分化する手法は使えない。理工学の分野において単純な形状を取り扱うことはまれであり，多くの場合には複雑な形状を取り扱う。このような場合には，コントロールボリュームを出発点とした差分化の手法にも利点がある。

微分方程式の数値解を歪曲してとらえると，離散化する間隔を極限小にとったときにようやく偏微分方程式の解に一致する印象を受けがちである。しかし，コントロールボリュームを出発点にした差分化は，有限の体積を有した各要素とその全体において，つねにエネルギーなどの保存量が保存されることを保証している。このような基礎法則の成立が計算過程で保証されていることは物理現象の数値計算を行ううえで意味があり，理解しておく必要がある。

また，有限の体積要素に分割されているために生じる差分化の問題点もあ

る。例えば，流動がある条件における拡散方程式の対流項である。この点について，8.3.5 項で述べる。

8.3.5 対流項を含む拡散方程式

式(8.65)の熱拡散方程式は流動がない条件で有効である。固相内の温度場，濃度場を求める場合に適用できるが，流体が流動している場合の温度場，濃度場には対流項を含めた拡散方程式を支配方程式にする必要がある。流動速度を V とすると，エネルギー保存則は

$$\frac{\partial(\rho C_p T)}{\partial t} + \mathrm{div}(\lambda\, \mathrm{grad}\, T) - \vec{V}\cdot \mathrm{grad}(\rho C_p T) = 0 \tag{8.81}$$

である。第 3 項が対流の項である。簡単のため 1 次元で考えると

$$\frac{\partial T}{\partial t} = \alpha\left(\frac{\partial^2 T}{\partial x^2}\right) - V\frac{\partial T}{\partial x} \tag{8.82}$$

が得られる。時間に関しては前進差分を用いると

$$\frac{\partial}{\partial t}T(x_i,\ t_n) = \frac{T(x_i,\ t_{n+1}) - T(x_i,\ t_n)}{\Delta t} \tag{8.83}$$

が得られる。また，右辺第 1 項は中心差分を用いると

$$\frac{\partial^2}{\partial t^2}T(x_i,\ t_n) = \frac{T(x_{i+1},\ t_n) - 2T(x_i,\ t_n) + T(x_{i-1},\ t_n)}{(\Delta x)^2} \tag{8.84}$$

となる。右辺の第 2 項の取扱いには，3 種類の差分が考えられる。

$$\frac{\partial}{\partial x}T(x_i,\ t_n) = \frac{T(x_{i+1},\ t_n) - T(x_i,\ t_n)}{\Delta x} \tag{8.85 a}$$

$$\frac{\partial}{\partial x}T(x_i,\ t_n) = \frac{T(x_{i+1},\ t_n) - T(x_{i-1},\ t_n)}{2\Delta x} \tag{8.85 b}$$

$$\frac{\partial}{\partial x}T(x_i,\ t_n) = \frac{T(x_i,\ t_n) - T(x_{i-1},\ t_n)}{\Delta x} \tag{8.85 c}$$

それぞれ，位置 x に対する前進差分，中心差分，後退差分である。空間および時間の離散化の間隔が十分に小さいときには，式(8.85)のいずれの式を用いても同様の結果が得られると期待される。しかし，離散化の間隔を十分に小さくすることは，未知数の増加や計算時間の増加が生じる。多くの数値解を求め

る条件では，式(8.85)から最も計算に適した差分式を選択することが重要である。

先に述べた有限の体積要素に対する保存則の考え方をもとに対流項の物理的意味と差分式の選択を考える。**図 8.11** に示す要素について流動による熱エネルギー保存則を考えると

$$Q_{\text{in}} - Q_{\text{out}} \tag{8.86}$$

であり，Q_{in}，Q_{out} それぞれ要素に流入する熱エネルギーと要素から流出する熱エネルギーである。ここで x 軸正方向に流体が移動している場合（$V > 0$）を考える。各要素内は格子点の温度で代表されるとすると，流入，流出する流体の温度はそれぞれ，T_{i-1}，T_i であり

$$Q_{\text{in}} = (\rho C_p T_{i-1}) V S_y \varDelta t \tag{8.87}$$

$$Q_{\text{out}} = (\rho C_p T_i) V S_y \varDelta t \tag{8.88}$$

となる。ただし，S_y は y 方向の断面積である。便宜的に対流だけの保存則を考えると

$$\begin{aligned}[\rho C_p(T_i^{n+1} - T_i^n)](S_y \varDelta x) &= Q_{\text{in}} - Q_{\text{out}} \\ &= (\rho C_p T_{i-1}) V S_y \varDelta t - (\rho C_p T_i) V S_y \varDelta t\end{aligned} \tag{8.89}$$

となる。したがって

$$\frac{T_i^{n+1} - T_i^n}{\varDelta t} = -V\frac{T_i^n - T_{i-1}{}^n}{\varDelta x} \tag{8.90}$$

となり，式(8.85 c)の x に対して後退差分を行った場合と一致する。

このように，流動の風上側の要素から流体が流入し，その要素の流体が風下に流出するという考え方は，風上側の差分を対流項に適用することである。つ

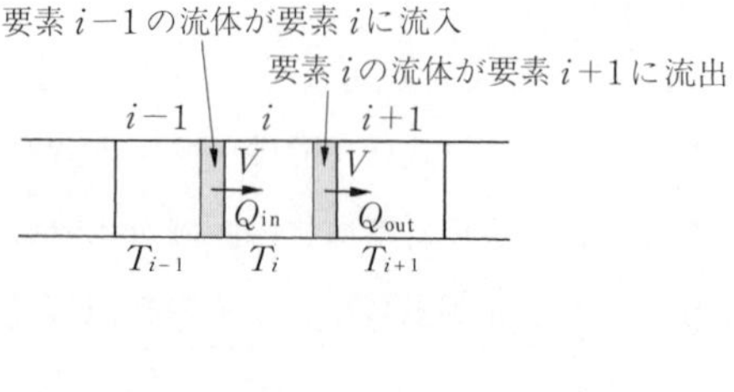

図 8.11　拡散方程式の対流項と風上差分

まり，有限の大きさの要素では，式(8.82)の x の1次微分項（対流項）は流動速度の風上側の差分を用いることが望ましい。風上側，風下側の差分はそれぞれ風上差分，風下差分と呼ばれている。

8.4 波動方程式の数値解

8.4.1 波動方程式の解の性質

双曲型偏微分方程式の例として，波動方程式がある。弦の振動や波の伝播を取り扱うときの支配方程式である。

$$\frac{\partial^2 u}{\partial t^2} = c^2 \frac{\partial^2 u}{\partial x^2} \tag{8.91}$$

式(8.91)の一般解は，任意の関数 F，G を用いて

$$u = F(x - ct) + G(x + ct) \tag{8.92}$$

と表される。$F(x - ct)$ は x 軸正方向に波形を変えずに進行する進行波であり，$G(x + ct)$ は負方向の進行波である。一般解は2方向の進行波の重ね合せで表現される。

式(8.91)の波動方程式を解くためには，時間に対する2階の微分方程式であるから，二つの初期条件あるいは境界条件が必要となる。無限に長い媒質の波動方程式では，つぎの初期条件が与えられる。

$$\begin{aligned} &u(x,\ 0) = \varphi(x) \\ &\frac{\partial}{\partial t} u(x,\ 0) = \phi(x) \end{aligned} \tag{8.93}$$

式(8.93)を用いると，式(8.92)は

$$\begin{aligned} &F(x) + G(x) = \varphi(x) \\ &-cF'(x) + cG'(x) = \phi(x) \end{aligned} \tag{8.94}$$

となる。後者の微分方程式を x に対して積分すると

$$F(x) - G(x) = -\frac{1}{c}\int_0^x \phi(x)dx + K \tag{8.95}$$

となる。K は任意の定数である。式(8.94)の前者と式(8.95)より

$$u(x,\ t) = \frac{\varphi(x - ct) + \varphi(x + ct)}{2} + \frac{1}{2c}\int_{x-ct}^{x+ct} \phi(z)dz \qquad (8.96)$$

したがって，無限に長い媒質で初期条件を与えられている場合には，式(8.96)を数値積分することにより解が得られる。

8.4.2　波動方程式の数値解

式(8.96)を導く過程は波動方程式の解の性質をよく表しており，波動方程式を理解する助けになる。しかし，式(8.96)を利用できるケースは非常に限られる。ここでは，有限長さ L の1次元波動方程式の数値解法について考える。有限長さの場合には，初期条件と境界条件が与えられる。

$$u(0,\ t) = u(L,\ t) = 0 \qquad (8.97)$$

$$u(x,\ 0) = f(x) \qquad (0 < x < L) \qquad (8.98)$$

$$\frac{\partial u(x,\ 0)}{\partial t} = g(x) \qquad (0 < x < L) \qquad (8.99)$$

求めるべき $u(x,\ t)$ を $\varDelta x$，$\varDelta t$ の間隔で離散化することにして，位置 x_i，時刻 t_n の格子点の u の値を $u_i{}^n$ とする。式(8.91)の波動方程式の左辺は中心差分を使うと

$$\frac{\partial^2 u(x_i,\ t_n)}{\partial t^2} = \frac{u_i{}^{n+1} - 2u_i{}^n + u_i{}^{n-1}}{(\varDelta t)^2} \qquad (8.100)$$

となる。一方，位置 x に関しても同様に中心差分を用いて

$$\frac{\partial^2 u(x_i,\ t_n)}{\partial x^2} = \frac{u_{i+1}{}^n - 2u_i{}^n + u_{i-1}{}^n}{(\varDelta x)^2} \qquad (8.101)$$

となる。波動方程式を差分化すると

$$u_i{}^{n+1} = \mu^2 u_{i+1}{}^n + 2(1 - \mu^2)u_i{}^n + \mu^2 u_{i-1}{}^n - u_i{}^{n-1} \qquad (8.102)$$

$$\mu = \frac{c\varDelta t}{\varDelta x} = \frac{c}{(\varDelta x/\varDelta t)} \qquad (8.103)$$

となる。ここで μ はクーラン数と呼ばれている。

式(8.103)を時間に対して逐次的に計算することにより数値解が得られるが，初期条件の取扱いに少し工夫が必要である。時刻 t_1 の u を求めるには

$$u_i^{1} = \mu^2 u_{i+1}^{0} + 2(1-\mu^2)u_i^{0} + \mu^2 u_{i-1}^{0} - u_i^{-1} \tag{8.104}$$

を利用することになる。u^0 は式(8.98)の初期条件から

$$u_i^{0} = f(x_i) \tag{8.105}$$

と与えられる。u^{-1} は仮想的な値であるが，式(8.99)の境界条件から $t=0$ の前後の値を用いると

$$\frac{u_i^{1} - u_i^{-1}}{2\Delta t} = g(x_i) \tag{8.106}$$

が得られ

$$u_i^{-1} = u_i^{1} - 2\Delta t \cdot g(x_i) \tag{8.107}$$

として与えられる。

8.4.3　数値解の安定性

波動方程式は式(8.102)に示すように差分化され，逐次的に求めることが可能な形式である。安定した数値解が得られるためには，クーラン数がつぎの条件を満たす必要がある。

$$\mu = \frac{c}{(\Delta x/\Delta t)} \leqq 1 \tag{8.108}$$

熱拡散方程式の安定条件と同様に，時間・空間の離散化の間隔に依存している。空間の分割を細かくするほど時間分割も細かくする必要がある。

クーラン数の物理的な意味を考えると，この条件はより明瞭になる。式(8.108)の分子は波動の伝播速度である。一方，分母は空間と時間の離散化間隔から定義される速度である。式(8.102)の差分式では u_{i-1}，u_i，u_{i+1} の位置に関しては前後の値から Δt 後の u の値が計算されている。すなわち，数値計算においては数値情報が周辺の格子点に伝わる速さは $\Delta x/\Delta t$ と考えることができる。クーラン数は現実に波動が伝播される速度と数値計算上で数値情報が伝播する速度の比とみなせる。クーラン数が1以下という条件は，現実の波動の伝播速度よりも数値計算で数値情報が伝播する速度をつねに大きくしなければならないということである。

8.5 流動の数値解

8.5.1 質量保存則と運動量保存則の連立

非圧縮性のニュートン流体の運動を表す基礎方程式は，8.1.5項で示したように質量保存則（連続の式）とナビエ-ストークス方程式である。ここでは簡単のため，2次元で考えると，支配方程式は

$$\frac{\partial u_x}{\partial x}+\frac{\partial u_y}{\partial y}=0 \tag{8.109}$$

$$\frac{\partial u_x}{\partial t}+u_x\frac{\partial u_x}{\partial x}+u_y\frac{\partial u_x}{\partial y}=-\frac{1}{\rho}\frac{\partial P}{\partial x}+\nu\left(\frac{\partial^2 u_x}{\partial x^2}+\frac{\partial^2 u_x}{\partial y^2}\right)+F_x \tag{8.110}$$

$$\frac{\partial u_y}{\partial t}+u_x\frac{\partial u_y}{\partial x}+u_y\frac{\partial u_y}{\partial y}=-\frac{1}{\rho}\frac{\partial P}{\partial y}+\nu\left(\frac{\partial^2 u_y}{\partial x^2}+\frac{\partial^2 u_y}{\partial y^2}\right)+F_y \tag{8.111}$$

となる。式(8.110)を変形すると

$$\frac{\partial u_x}{\partial t}=-\frac{1}{\rho}\frac{\partial P}{\partial x}+\left\{-\left(u_x\frac{\partial u_x}{\partial x}+u_y\frac{\partial u_x}{\partial y}\right)+\nu\left(\frac{\partial^2 u_x}{\partial x^2}+\frac{\partial^2 u_x}{\partial y^2}\right)+F_x\right\} \tag{8.112}$$

となる。右辺は時刻 t_n の値を用いて，左辺は時間に対する前進差分をとると

$$u_x{}^{n+1}=u_x{}^n-\Delta t\cdot\frac{1}{\rho}\frac{\partial P^n}{\partial x}+\Delta t\cdot\phi(u_x{}^n,\ u_y{}^N) \tag{8.113}$$

となる。ただし，簡単のため式(8.112)の右辺第2項にある｛　｝部分の差分式を ϕ としている。式(8.113)では，新しい時刻の流速は，前の時間の流速と圧力から陽的に求めることを意味しているとおり，完全陽解法の差分式と呼ばれる。

つぎに，時間に対して後退差分をとると

$$u_x{}^{n+1}=u_x{}^n-\Delta t\cdot\frac{1}{\rho}\frac{\partial P^{n+1}}{\partial x}+\Delta t\cdot\phi(u_x{}^{n+1},\ u_y{}^{n+1}) \tag{8.114}$$

となる。この式では流速の変化 $u_x{}^{n+1}-u_x{}^n$ が，新しい時刻 t_{n+1} の流速と圧

力で関係づけられている。したがって，$u_x{}^{n+1}$ は連立1次方程式から求められ，式(8.114)は完全陰解法の差分式と呼ばれる。

式(8.113)を逐次的に解くと，非常に簡単に流速の時間変化が求められることになる。しかし，このような完全陽解法では，運動量保存則のみから流速を計算していることになり，式(8.109)の質量保存が満足されなくなる。したがって，このような完全陽解法は単純には利用できない。

また，式(8.114)の完全陰解法では圧力の変化を表す方程式が別に必要になる。したがって，ナビエ-ストークス方程式から導かれる式(7.114)と質量保存則から導かれるなんらかの圧力に関する方程式を連立して解くことが求められる。流速だけでなく，圧力も含めた連立方程式を解くのは容易ではなく，このため拡散方程式などの数値解に比べて複雑な解法が必要となる。

具体的な解法を述べる前に，質量保存則とナビエ-ストークス方程式の連立が困難な理由を少し考える。

ある微小要素に関して，その領域に流入する非圧縮性流体が，流出する流体よりも多くなる状態を仮想的に考える（現実にはこのような状態が生じないように圧力・流速が変化しており，現実には起こっていないという意味で，「仮想的」とした）。このような質量保存を破るような流入があると，その要素内の圧力が瞬時に増加し，他要素への流出を生じて質量保存を満足する。つまり，非圧縮性流体では質量保存を満足するように圧力が瞬時に変化している。一方，数値計算では有限の時間間隔の計算を行っているため，時間に対する単純な陽的解法では圧力変化に追従できない。したがって，流動の数値解法ではできる限り質量保存を満足するような圧力の評価方法に努力が払われている。ここでは最も基本的な数値解法であるMAC法のみについて簡単に述べ，ほかの数値解法などは流体の数値計算の専門書に譲る。

8.5.2 MAC法による流動の数値解析

式(8.113)の右辺の圧力勾配の時刻を更新する流速の時刻をそろえると

$$u_x{}^{n+1} = u_x{}^n - \varDelta t \cdot \frac{1}{\rho}\frac{\partial P^{n+1}}{\partial x} + \varDelta t \cdot \phi(u_x{}^n,\ u_y{}^n) \tag{8.115}$$

$$u_y{}^{n+1} = u_y{}^n - \varDelta t \cdot \frac{1}{\rho}\frac{\partial P^{n+1}}{\partial y} + \varDelta t \cdot \varphi(u_x{}^n,\ u_y{}^n) \tag{8.116}$$

となる。ただし，φ は，式(8.113)，(8.114)で定義された ϕ と同様な方法で，y 方向の運動量保存則の式から定義される。式(8.115)と(8.116)では，流速に対しては陽解法の形式であり，圧力に対しては陰解法の形式である。このような差分式を用いる方法を半陰解法と呼ぶ。

この差分式において，新たに求める流速と圧力の時刻にそろえているねらいは，比較的簡便な方法で，精度よく圧力と流速を計算することである。式(8.115)と(8.116)を見ると明らかなように，新たな時刻の圧力が決定すれば，流速は陽的に決定できる。したがって，流速の時間変化を求めることは，実質的には圧力変化を求めることに帰着される。

圧力に関する方程式を考える。式(8.115)，(8.116)の発散をとると

$$\begin{aligned}\frac{\partial u_x{}^{n+1}}{\partial x} + \frac{\partial u_y{}^{n+1}}{\partial y} &= \left\{\frac{\partial u_x{}^n}{\partial x} + \frac{\partial u_y{}^n}{\partial y}\right\} \\ &\quad - \varDelta t \cdot \frac{1}{\rho}\left(\frac{\partial^2 P^{n+1}}{\partial x^2} + \frac{\partial^2 P^{n+1}}{\partial y^2}\right) + \varDelta t\left(\frac{\partial}{\partial x}\phi(u_x{}^n,\ u_y{}^n)\right. \\ &\quad \left. + \frac{\partial}{\partial y}\varphi(u_x{}^n,\ u_y{}^n)\right)\end{aligned} \tag{8.117}$$

となる（式(8.110)，(8.111)をそれぞれ x，y で微分し，両辺の和をとることに等しい）。左辺は時刻 t_{n+1} における質量保存の式であり，この項が零になるように圧力を決定すればよい。そこで，左辺を零として整理すると

$$\begin{aligned}\frac{1}{\rho}\left(\frac{\partial^2 P^{n+1}}{\partial x^2} + \frac{\partial^2 P^{n+1}}{\partial y^2}\right) &= \frac{1}{\varDelta t}\left\{\frac{\partial u_x{}^n}{\partial x} + \frac{\partial u_y{}^n}{\partial y}\right\} \\ &\quad + \left(\frac{\partial}{\partial x}\phi(u_x{}^n,\ u_y{}^n) + \frac{\partial}{\partial y}\varphi(u_x{}^n,\ u_y{}^n)\right)\end{aligned} \tag{8.118}$$

となる。式(8.118)は圧力に関するポアソン方程式になっている。右辺は時刻 t_n の流速の関数であり，圧力は既知の流速のみから計算される。したがって，

この手法では，流動計算は圧力に関するポアソン方程式に帰着されている。具体的なポアソン方程式の数値解法は 5.2 節に述べた。また，圧力が決定されると，式(8.115)と(8.116)より流速が容易に計算できる。

式(8.118)の右辺第 1 項は時刻 t_n における質量保存の式であるが，このような数値計算では必ずしも零ではない。しかし，式(8.118)は式(8.117)において時刻 t_{n+1} における質量保存が満足すると仮定して導出されている。つまり，各時刻において質量保存が満足するとは限らないが，式(8.118)の右辺第 1 項の存在によりつねに各時間更新において質量保存が満足される圧力分布を目指して計算されている。その結果，比較的安定して流動が精度よく計算される。このような数値解法を MAC 法という。

また，MAC 法以外でも共通している，圧力の設定に関して補足しておく。圧力境界条件として，特定の要素の圧力の絶対値が与えられる場合にも圧力を求める際に問題は生じない。しかし，流速が境界条件として与えられるときには少し注意を要する。上記では，圧力はつねに 1，2 次微分の形でナビエ-ストークス方程式および圧力に関するポアソン方程式に現れている。非圧縮性流体の運動では，じつは圧力勾配が運動量変化に寄与し，圧力の絶体値はまったく関係しない。例えば，$P(x, y, t)$ と $P(x, y, t) + P_0$ （P_0 は一定）の圧力分布はまったく同じ流動を与える。一方，圧力に関するポアソン方程式を数値計算する際には各要素の圧力の絶対値を求めている。解に P_0 のような不定な値が存在すると，ポアソン方程式の解を求める際にうまく解が得られない場合がある。適当な要素に基準となる圧力を与えることにより，このような問題を回避することが必要である。

8.5.3 スタッガード格子

流動計算において，しばしばスタッガード格子と呼ばれる格子点が採用される。**図 8.12** に 2 次元のスタッガード格子を示している。流速は各要素の辺に定義し，質量保存則はこれらの辺で囲まれる領域について適用する。圧力はこの要素の中心に定義し，運動量保存則はこの圧力定義点間の 2 等分線に囲まれ

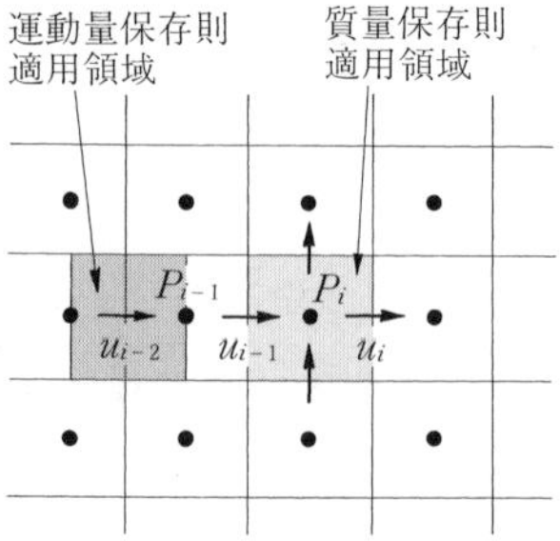

図8.12　スタッガード格子

る領域に適用する。

式(8.118)でこの定義を考えると，右辺の流速は圧力定義点の中心とした質量保存則を適用する領域の辺に定義されている。各辺に流速が定義されているため，圧力の評価を正確にする効果が期待される。一方，式(8.112)で示すように流体の加速は圧力勾配に比例しており，流速を解く運動量保存則の適用領域の辺に定義された圧力から圧力勾配が評価できる。したがって，物理量を定義する位置が物理現象を記述する支配方程式をよくとらえている。

このように，格子点（要素分割）の定義も，数値解の計算時間・精度に影響することは多い。差分方程式だけでなく，格子点（要素分割）においても物理現象に立脚した手法にすることが重要である。

9

モンテカルロ法

モンテカルロ法（Monte-Carlo method）は，決定論的な数学の問題を乱数を用いて解くために考えられたものである。現在では，数学の問題に限らず確率的現象に適用して乱数を用いてシミュレーションすることにより，問題の解を求める場合にも用いられている。その名はカジノで有名な都市，モンテカルロに由来しており，ギャンブル的であいまいな印象を受けるかもしれないが，非常に有効な場合がたくさんある。

例えば，モンテカルロ法が適用されている事例としては，プラズマ現象，パーコレーション過程，オペレーションズ・リサーチ，交通計画，送配電工学，希薄流体の解析，材料特性評価をはじめ，ほかにもたくさんある。これは，工学的な問題には現象論的，確率的に扱う必要がある問題が多く存在することの現れである。また，モンテカルロ法は通常の数値積分が困難となるような多次元の数値積分の問題にも有効となる。本章では，そのようなモンテカルロ法の数値計算手法と応用例について説明しよう。

9.1　モンテカルロ法の計算手法

モンテカルロ法の簡単な例を示すために，**図 9.1** に示す閉曲線に囲まれた領域 A の面積を求めることを考えてみよう。まず，図 9.1 の領域 A を完全に含むことができる正方形（1 辺 L）を考えてみる。このときに，$0 \leqq r_1 \leqq 1$，$0 \leqq r_2 \leqq 1$ を満たす 2 個の一様乱数 r_1，r_2 の組を N 回発生させる。その場合

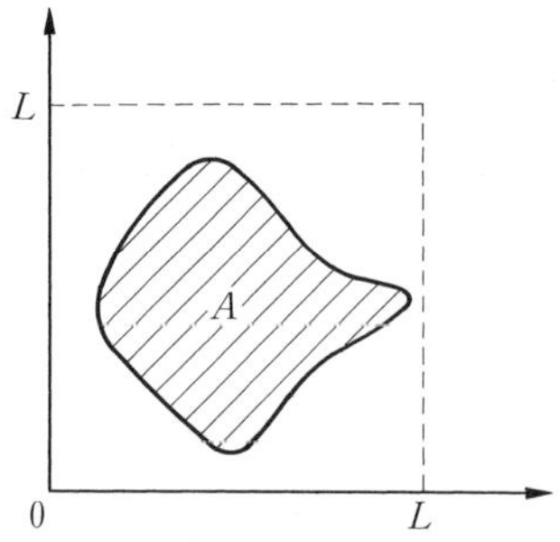

図 9.1　複雑な閉曲線に囲まれた面積

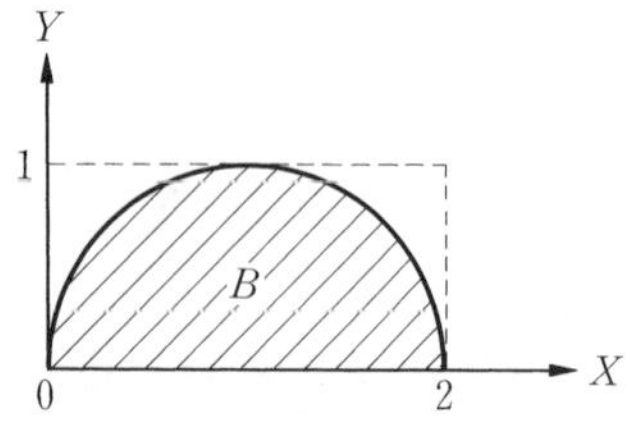

図 9.2　モンテカルロ法の適用例：円弧の面積を求める場合

に，$(Lr_1,\ Lr_2)$ を点 P の座標として，図 9.1 中に書き込んでいこう。このとき，点 P が閉曲線に囲まれた領域 A の中に，N 回の試行中 M 回あったとすると

$$(\text{点 P が領域 } A \text{ 内にある確率}) = \frac{M}{N} \tag{9.1}$$

となることは自明である。N が十分大きくなれば

$$(\text{点 P が領域 } A \text{ 内にある確率}) \approx \frac{A \text{ の面積}}{\text{囲んだ正方形の面積 } L^2} \tag{9.2}$$

の関係が成立するようになり

$$(A \text{ の面積}) \approx \frac{ML^2}{N} \tag{9.3}$$

と領域 A の面積を求めることができるだろう。この例のように，乱数を用いて問題の解を求めるような方法をモンテカルロ法という。つぎにこの方法を実際の数値積分に用いることを考えよう。**図 9.2** に示す円弧と x 軸に囲まれた領域 B で考えてみる。図 9.2 中の円弧と x 軸で囲まれた領域 B は

$$(x-1)^2 + y^2 \leqq 1, \quad 0 \leqq x \leqq 2, \ y \geqq 0 \tag{9.4}$$

を満たしている。この場合に $0 \leqq r_1 \leqq 1$，$0 \leqq r_2 \leqq 1$ を満たす 2 個の一様乱数 r_1，r_2 の組を N 回発生させるとする。そして $(2r_1,\ r_2)$ を点 P として，点 P の座標が式(9.4)を満たす場合が M 回あったとする。点 P の座標をコンピュータで繰り返し計算していき，サンプル数 N が十分に大きくなると，式

(9.3)と同様の考え方をすると以下のような関係が成り立つことはおわかりだろう。

$$(\text{領域}\ B\ \text{の面積}) = \frac{\pi}{2} \approx \frac{2M}{N} \tag{9.5}$$

この方法では計算の過程で，条件に対して当たったり外れたりするので，その名のとおりに**試行錯誤的モンテカルロ法**（hit-or-miss Monte-Carlo method）と呼ばれている。またこの図9.2の問題を別の視点から考えてみよう。一様乱数 $0 \leqq r_1 \leqq 1$ を用いると，$0 \leqq 2r_1 \leqq 2$ から

$$p(x) = \frac{1}{2} \qquad (0 \leqq x \leqq 2) \tag{9.6}$$

$$p(x) = 0 \qquad (x < 0,\ 2 < x) \tag{9.7}$$

のような確率変数を用いると，このとき，領域 B の面積の単位区間での期待値は

$$(\text{領域}\ B\ \text{の面積の単位区間での期待値}) = (\text{領域}\ B\ \text{の面積})/2$$
$$= \int_0^2 y(x)p(x)dx \tag{9.8}$$

と表すことができる。実際，乱数 r_1 を発生させるとして，N が十分に大きくなると

$$(\text{領域}\ B\ \text{の面積の単位区間での期待値}) \approx \frac{1}{N}\sum_{i=1,N} y(2r_i) \tag{9.9}$$

となるはずであり，上式と式(9.8)より

$$(\text{領域}\ B\ \text{の面積}) \approx \frac{2}{N}\sum_{i=1,N} y(2r_i) \tag{9.10}$$

のように計算できる。この式(9.10)の方法は，乱数を直接代入してその期待値を求めるという基本的な方法であるので，**基礎的モンテカルロ法**（crude Monte-Carlo method）と呼ばれている。実際には，半円の面積のように解析的に計算できる場合には，モンテカルロ法に頼る必要性は小さいが，多重積分のように積分区間が複雑な場合や，現象が確率的にしか記述できない場合は，このような手順をそのまま適用することによって，コンピュータの負荷を上回る大きな利点が生まれてくる。また，解の精度を上げるためには，試行回数

N を大きくすることが必要となってくるとともに，乱数の一様性も重要となってくる。

モンテカルロ法を用いる場合には，誤差として試行回数 N が十分大きくないことから生じる統計的なかたよりや統計的誤差が原理的に生じると考えられる。つぎにこのような統計的誤差について検討してみよう。

式(9.10)の例で示した基礎的モンテカルロ法を適用するとして，関数 $g(x)$ の区間［0，1］における推定値を S_c とする。このとき一般的に推定値 S_c は以下のような算術平均値で表すことができる。

$$S_c = \frac{1}{N}\sum_{i=1,N} g(u_i) \tag{9.11}$$

ここで，乱数 u_i（$i = 1, \cdots, N$）は区間［0，1］での一様乱数であるとする。この場合の統計的分散 $\sigma_c{}^2$ は，乱数 u_i を用いて得られた推定値 S_c と，真の値 E との差の 2 乗の期待値として表すことができる。ここで便宜上，期待値を示す記号を $E[x]$（x の期待値を表す）のように記述する。確率変数の独立性を考慮して変形すると $\sigma_c{}^2$ は以下のようになる。

$$\sigma_c{}^2 = E[(S_c - E)^2] = \frac{1}{N}\left[\int_0^1 \{g(x)\}^2 dx - E^2\right] = \frac{\sigma^2}{N} \tag{9.12}$$

$$\sigma^2 = \int_0^1 \{g(x)\}^2 dx - E^2$$

ここで，σ^2 は母分散を表している。

また式(9.5)で示した試行錯誤的モンテカルロ法では，$0 \leqq r_1 \leqq 1$，$0 \leqq r_2 \leqq 1$ を満たす 2 個の一様乱数 r_1，r_2 の組を N 回発生させて解を求めている。前述の基礎モンテカルロ法と同様に，関数 $g(x)$ の区間［0，1］における推定値を S_h，真の値を E として統計的分散 $\sigma_h{}^2$ を求めてみよう。まず i 回目に発生させた乱数を $r_1(i)$，$r_2(i)$ として，つぎのような確率変数 p_i を考える。

$$p_i = 1 \qquad (r_2(i) \leqq g(r_1(i))) \tag{9.13}$$

$$p_i = 0 \qquad (r_2(i) < g(r_1(i)))$$

$r_2 \leqq g(r_1)$ を満たす場合の個数を M，全体の個数を N とすると推定値 S_h は

$$S_h = \frac{1}{N}\sum_{i=1,N} p_i = \frac{M}{N} \tag{9.14}$$

であり，その期待値は以下のようになる。

$$E[S_h] = \frac{1}{N}\sum_{i=1,N} E[p_i] = E \tag{9.15}$$

この場合の分散 σ_h^2 は，つぎのように書くことができる。

$$\sigma_h^2 = E[(S_h - E[S_h])^2] = \frac{1}{N}[E[S_h{}^2] - E^2] = \frac{1}{N}(E - E^2) \tag{9.16}$$

このように，基礎的モンテカルロ法や試行錯誤的モンテカルロ法では，サンプル数 N とした場合に標準偏差は $1/\sqrt{N}$ となる。以下にこのような統計的誤差を小さくする手法の一例について説明しよう。

（1）　層化抽出法

例えば，区間［0, 1］を m 個の小区間 $[a_0 = 0,\ a_1]$, $[a_1,\ a_2]$, …, $[a_j,\ a_{j+1}]$, …, $[a_{m-1},\ a_m = 1]$ に分けることを考える。この場合に

$$S_2 = \int_0^1 g(x)dx = \sum_{i=1,m}\int_{a_{i-1}}^{a_i} g(x)dx \tag{9.17}$$

が成立することより，m 個の区間それぞれに対して，前述の基礎的モンテカルロ法を適用する。ここで，j 番目の小区間 $[a_{j-1},\ a_j]$ に対して，n_j 個の乱数 $u_{j,k}$（$k = 1$, …, n_j）を選ぶとすると，$x_k = a_{j-1} + (a_j - a_{j-1})u_{j,k}$ が，j 番目の小区間 $[a_{j-1},\ a_j]$ における n_j 個の一様乱数となる。また $u_{j,k}$ は区間［0, 1］における一様乱数であるとする。このときに小区間の大きさに準じた数の乱数を用いて

$$N = \sum_{j=1,m} n_j, \quad n_j = (a_j - a_{j-1})N \tag{9.18}$$

となるようにする。以上より，**層化抽出法**（stratified sampling method）における推定値を S_s とすると

$$S_s = \sum_{j=1,m}\sum_{k=1,n_j}\frac{a_j - a_{j-1}}{n_j} g(a_{j-1} + (a_j - a_{j-1})u_{j,k}) \tag{9.19}$$

と計算できる。この S_s の分散は

$$\sigma_s{}^2 = \sum_{j=1,m}\frac{a_j - a_{j-1}}{n_j}\int_{a_{j-1}}^{a_j}\{g(x)\}^2 dx - \sum_{j=1,m}\frac{1}{n_j}\left\{\int_{a_{j-1}}^{a_j} g(x)dx\right\}^2 \tag{9.20}$$

となる。この分散の値より，小区間における $g(x)$ の積分値が同じでなければ，層化抽出法を用いると単純な基礎的モンテカルロ法より，分散を小さくすることができることがわかる。

（2） 加重サンプリング（importance sampling）

今度は $g(x)$の値に応じた重み付けをして，計算することを考えよう。区間［1，0］で，$h(x)$ の確率密度で分布する乱数 r_i（$i=1$，…，n）を用いて，関数 $g(x)$ を積分することを考える。ここで

$$\int_0^1 h(x)dx = 1 \tag{9.21}$$

であるとする。また，求める推定値 S_i は乱数 r_i を用いて以下のように記述できる。

$$S_i = \int_0^1 g(x)dx = \int_0^1 \frac{g(x)}{h(x)} h(x)dx \tag{9.22}$$

$$S_i = \frac{1}{N}\sum_{i=1}^{N} \frac{g(r_i)}{h(r_i)} \tag{9.23}$$

真の期待値を E とすると，分散 $\sigma_i{}^2$ は以下のようになる。

$$\sigma_i{}^2 = \frac{1}{N}\left[\int_0^1 \frac{\{g(x)\}^2}{h(x)} dx - E^2\right] \tag{9.24}$$

これを最小にするために，$\{g(x)\}^2/h(x)$ の大きさが平均化されるように

$$h(x) = \frac{|g(x)|}{\displaystyle\int_0^1 |g(x)|dx} \tag{9.25}$$

とすれば，上式の分散は

$$\sigma_i{}^2 = \frac{1}{N}\left[\left\{\int_0^1 |g(x)|dx\right\}^2 - E^2\right] \tag{9.26}$$

となる。実際的には $h(x)/|g(x)| =$ 定数 のように，与えられている関数 $g(x)$ の大きさに比例するように，$h(x)$ を重み付けてサンプリングを行うと分散を小さくすることができる。

9.2　乱数の発生方法と検定

モンテカルロ法を用いた解析やシミュレーションでは，対象とする問題に対して適切な乱数を発生させる必要がある。この場合，乱数とは個々に独立であり，同一の分布関数に従う確率変数列のことをいう。このような乱数の発生法としては，電子回路の雑音や放射性同位元素のガンマ崩壊を利用する物理的な方法もあるが，再現性がないなどの欠点がある。本節では，乱数発生法を算術式で記述することにより，コンピュータを用いて擬似的に発生させる方法について述べよう。これらは擬似乱数と呼ばれるが，使用に際しては統計的な検定を行って必要な条件を満足しているかどうかを調べてから用いることも重要である。

（1）　一様乱数の発生方法

コンピュータを使った一様擬似乱数の発生の方法として，線形関係 $y = ax$ と合同式 $M = N(\mathrm{mod}\, L)$ を用いる**乗積合同法**（multiplicative congruential method）や線形関係 $y = ax + b$ と合同式 $M = N$ $(\mathrm{mod}\, L)$ を用いる**混合合同法**（mixed congruential method）などの線形合同法が使われることが多い。ここで，$N(\mathrm{mod}\, L)$ は，整数 N を整数 L で除した余りを表現しているとする。

乗積合同法は，a，b，L を正の整数として

$$
\begin{aligned}
&X_0 = a \\
&X_1 = bX_0(\mathrm{mod}\, L) = ba(\mathrm{mod}\, L) \\
&\cdots\cdots\cdots\cdots \\
&X_n = bX_{n-1}(\mathrm{mod}\, L) \\
&X_{n+1} = bX_n(\mathrm{mod}\, L)
\end{aligned}
\tag{9.27}
$$

のように順次 X_n の値を用いて，L の剰余として X_{n+1} の値を計算していく方法である。ここで，式(9.27)より X_n は 0 から $L-1$ までの整数となることは明らかである。例えば，区間［0，1］での一様乱数が必要な場合は，前述の

方法で得られた X_n を $L-1$ で割ることにより求めることができる。また定数 a，b，L の決定方法に関してはさまざまな研究がなされている。その一例として，(使用するプログラム言語またはコンピュータが扱うことのできる正の整数)$+1$ として L を定め，オーバフローを利用する方法がある。このとき，通常の 32 bit のコンピュータの場合は $L=2^{31}$ となる。また，L をプログラム言語が扱うことのできる整数の中で最大の素数とする方法もある。この場合 32 bit のコンピュータを用いるとすると $L=2^{31}-1$ となる。このような方法は，補数表現を負の整数に用いているシステムやオーバフローをエラーとするシステムでは，プログラムを作成する場合には注意が必要である。また上記の方法で，もし $X_j=X_i$ という関係が生じれば，$X_{j+L}=X_{i+L}$ となることから，乱数に周期性が生じることに注意が必要である。

一方，混合合同法は a，b，c，L を正の整数として

$$
\begin{aligned}
&X_0 = a\\
&X_1 = bX_0 + c\,(\mathrm{mod}\,L) = ba + c\,(\mathrm{mod}\,L)\\
&\cdots\cdots\cdots\cdots\\
&X_n = bX_{n-1} + c\,(\mathrm{mod}\,L)\\
&X_{n+1} = bX_n + c\,(\mathrm{mod}\,L)
\end{aligned}
\qquad (9.28)
$$

のように順次 X_n の値を用いて，L の剰余として X_{n+1} の値を計算していく方法である。正の整数 L は乗積合同法と同様な方法で定めることができる。また正の整数 a，b，c の選び方についてはいろいろな研究がなされている。これらの乗積合同法や混合合同法によって得られた擬似乱数の周期性が，モンテカルロシミュレーションの結果に影響を与える場合もあり，物理現象の解析には使用する乱数の一様性に十分注意を払う必要がある。

（2）　一様乱数の検定

コンピュータによって発生させた一様擬似乱数列が，たがいに独立で同一の確率分布に従っているかどうか，統計的な検定手法を用いて調べる必要性が生じる。ここでは，一様乱数の頻度検定や連の検定などの代表的な検定方法について簡単に述べよう。

（a）　**頻度検定**

まず乱数の定義区間，例えば［0，1］を適当に分割する。分割した区間中に存在する乱数の度数を数えて，その度数が一定の度数以上になったときに，一様分布についての χ^2 検定（カイ二乗検定）を行う。このような手順で乱数の頻度検定を行うことができる。具体的に考えるために，全区間を［0，1］，乱数の総数を N とし，分割した区間を $[a_i,\ b_i]$ とする。このとき，区間 $[a_i,\ b_i]$ に入る一様乱数の度数の期待値 E_i は

$$E_i = \frac{N(b_i - a_i)}{1 - 0} = N(b_i - a_i) \tag{9.29}$$

となる。発生した乱数のうち，実際に区間 $[a_i,\ b_i]$ に入っていた度数を N_i とすると，統計量 χ^2 は

$$\chi^2 = \sum_{i=1,N} \frac{(E_i - N_i)^2}{E_i} \tag{9.30}$$

となる。ここで，統計量 χ^2 が大きければ大きいほど頻度に関する一様性が悪いことを意味する。

（b）　**連の検定**

連の検定とは，例えば区間［0，1］で発生させた擬似乱数に対して，増減の連続性や平均値に対する値の大小の連続性などについて調べて，それらの傾向が一様かどうかを調べる方法である。例えば，得られた乱数が，平均期待値より大きいか小さいかによって＋，－を定義し，それらの同種の符号が続く長さを c 回（＝1，2，…）と考える。この場合に，乱数が完全に独立である場合には，この連の長さ c は，確率 $P(c)$

$$P(c) = \left(\frac{1}{2}\right)^c \tag{9.31}$$

に従うはずである。したがって，得られた乱数の連の分布が式(9.31)に従うかどうかで検定することができる。同様な方法により，発生した乱数を表す各桁の数字のつながりや組合せが予測される分布と同じかどうか検定することも可能である。

（3） 分布に従う乱数の作成法

一様乱数をコンピュータで発生させる方法については述べたが，実際の数値計算では統計分布関数や経験的な分布関数に従う乱数が必要となることも多い。ここでは分布関数が与えられた場合に，それに従う乱数列を得る方法を述べよう。その方法として，前述の一様擬似乱数を用いて分布に従うように変換する手法や，結果として目的の分布関数に従うように分布に従わないものを棄却する方法がよく用いられる。このような方法で得られた乱数が，目的の分布関数に従った乱数となっているかどうかは，前述の頻度検定で示した χ^2 統計量などを用いてまったく同様に検定することができる。

（a） 直接法

分布関数 $G(x)$ があらかじめ与えられている場合に，区間［0，1］でその分布に従う乱数を発生させることを考える。ここで $G(x)$ の逆関数を $G^{-1}(x)$ として，区間［0，1］で一様乱数 q_i （$i=1,\ N$）を発生させるとする。また $G(x)$ は単調増加関数であるとする。このとき，確率変数 p_i が確率密度 $G(x)$ をもつ場合には，

$$q_i = \int_{-\infty}^{p_i} G(x)dx \tag{9.32}$$

の関係で示される q_i は，区間［0，1］で一様分布をするはずである。したがって，まず一様乱数 q_i を区間［0，1］で発生させて，それを用いて

$$\int_{-\infty}^{p_i} G(x)dx = q_i \tag{9.33}$$

を満たす p_i を求めると，p_i は $G(x)$ の確率分布をした乱数列となるはずである。この p_i は

$$q_i = G(p_i) \tag{9.34}$$

を満たすので，p_i はつぎのように計算できる。

$$p_i = G^{-1}(q_i) \tag{9.35}$$

例えば，$G(x)=2^x$ （$x>0$）の場合は，$\log G(x) = x\log 2$ より，$y=\log x/\log 2$ として x に区間［0，1］における一様乱数を用いれば，必要な分布を

もつ乱数列 y を得ることができる。

(b) 棄却法

つぎに分布関数 $G(x)$ があらかじめ与えられている場合に，区間 [0, 1] でその分布に従う乱数を棄却法を用いて作成することを考えよう。ここで，区間 [0, 1] において，$G(x) < D$ を満たす定数 D を定義しておく。

まず一様乱数 p_i，q_i を区間 [0, 1] において発生させる。つぎに

$$x = q_i \tag{9.36}$$

$$y = Dp_i \tag{9.37}$$

とする。このとき

$$y = Dp_i < G(q_i) \tag{9.38}$$

を満たすならば，分布 $G(x)$ をもつ乱数として p_i を採用し，それ以外の場合は棄却して，目的の乱数の総数を得るまで繰り返す方法を棄却法という。この棄却法の概略を**図 9.3** に示す。この方法によって得られた乱数が $G(x)$ の分布をもつことは明らかだろう。

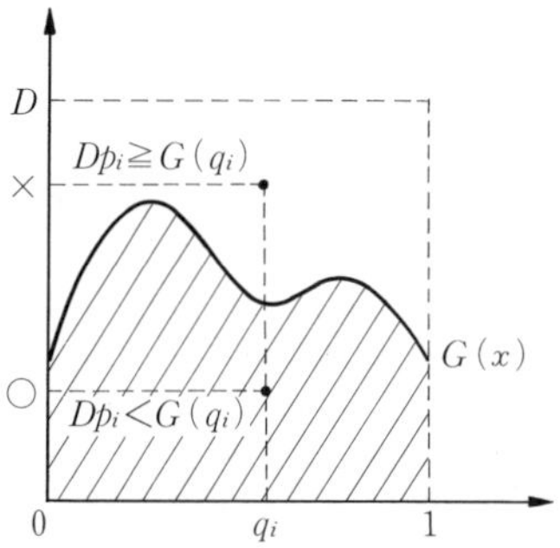

図 9.3 棄却法の概略

(c) 合成法

同様に分布関数 $G(x)$ があらかじめ与えられている場合に，区間 [0, 1] でその分布に従う乱数を発生させることを考える。この場合

$$G(x) = \int f_y(x)dh(y) \tag{9.39}$$

のように $G(x)$ が，サンプリングが容易な分布関数 $h(y)$ における条件付き密

度関数 $f_y(x)$ で表されるとする。このとき，$h(y)$ の分布に対応する確率変数 y を棄却法あるいは直接法で求め，その y に対して確率密度 $f_y(x)$ に合うように，乱数 x を発生させれば，x は分布関数 $G(x)$ に従うことになる。$G(x)$ に従う乱数を直接作るのが困難であるが，$h(y)$，$f(x)$ の分布に従う乱数の発生が容易であれば有用な方法である。

（4）　正規分布に沿う乱数の発生

実用的には，正規分布に従う乱数を発生させる場合が多いと考えられるので，その方法について説明しよう。

（a）　中心極限定理を使う方法

中心極限定理より，独立な乱数 a_1，a_2，a_3，…，a_n の和は n が大きくなると正規分布に近い分布をすることが知られている。このことを利用すると，例えば，区間［0，1］で一様分布をする乱数を a_1，a_2，a_3，…，a_n と作成すると

$$x = \sum_{j=1}^{n}\left(a_j - \frac{1}{2}n\right)\sqrt{\frac{12}{n}} \tag{9.40}$$

は，平均値 0，分散 1 の正規分布に従うことが知られている。よって式(9.40)より正規分布に従う乱数を作ることができる。この場合，正規分布に従う乱数 1 個を得るのに n 個の一様乱数が必要となる。例えば，$n = 12$ などが使われることがある。

（b）　ボックス–マラーの方法

区間［0，1］の一様乱数 a_1，a_2 を用いて

$$x_1 = \sqrt{-2\log a_1}\cos(2\pi a_2) \tag{9.41}$$

$$x_2 = \sqrt{-2\log a_1}\sin(2\pi a_2) \tag{9.42}$$

のようにすれば，平均値 0，分散 1 に従う 2 個の独立な正規乱数を発生させることができることが知られている。この方法は**ボックス–マラー**（Box-Muller）**の方法**と呼ばれている。

9.3 モンテカルロ法の適用と応用

9.3.1 数 値 積 分

2次元までの数値積分の方法は6章で述べたが，モンテカルロ法の利点は多次元の積分問題となっても1次元の場合とほとんど同じ手順で計算することができることにある。例えば，つぎのような n 次元の積分を考える。

$$S_s = \int_0^1 \int_0^1 \cdots \int_0^1 \int_0^1 g(x_1,\ x_2,\ \cdots,\ x_{n-1},\ x_n) dx_1 dx_2 \cdots dx_{n-1} dx_n \tag{9.43}$$

n が小さい場合には，6章で述べたように，台形則，シンプソン則などを用いて積分することができる。しかし，その場合には次元数 n の各変数軸を，次元数に応じて分割することが必要となる。さらに各次元の積分区間を L 分割したとすると，積分区間である超立体は L^n 分割されることとなり，数値積分に要する計算点数は文字どおり指数関数として増加する。一方，基礎的モンテカルロ法を適用すると，前述の1次元の場合と同じ手順で，n 個の一様乱数 $(u_1,\ u_2,\ u_3,\ \cdots,\ u_n)$ を用いて，$g(u_1,\ u_2,\ \cdots,\ u_n)$ を計算していけばよい。また計算値の精度は，次元数によらず，用いたサンプル数 M に依存したものとなる。したがって，数値計算を行う場合にはアルゴリズム，プログラミングが簡易であり，誤差の見積りや，精度の向上が比較的に容易である。次式の6次元の場合を例にとって計算手順を示そう。

$$S = \int_0^1 \int_0^1 \int_0^1 \int_0^1 \int_0^1 \int_0^1 \{x_1 x_2 x_3 x_4 x_5 x_6 + \sin(x_1 x_2 x_3) + \cos(x_4 x_5 x_6)\} dx_1 dx_2 dx_3 dx_4 dx_5 dx_6 \tag{9.44}$$

まず，区間 [0, 1] において，一様乱数6個を $(u_1,\ u_2,\ u_3,\ u_4,\ u_5,\ u_6)$ のように作成する。つぎに，以下のような関数 f を定義する。

$$f(x_1,\ x_2,\ x_3,\ x_4,\ x_5,\ x_6) = x_1 x_2 x_3 x_4 x_5 x_6 + \sin(x_1 x_2 x_3) + \cos(x_4 x_5 x_6) \tag{9.45}$$

$s_1 = f(u_1,\ u_2,\ u_3,\ u_4,\ u_5,\ u_6)$ として，s_1 を前述の基礎的モンテカルロ法に

よって求めるとする。このような操作を順次$s_M = f(u_{M1},\ u_{M2},\ u_{M3},\ u_{M4},\ u_{M5},\ u_{M6})$まで，$M$ 回繰り返す。このときの S の推定値を S' とすると

$$S' = \frac{1}{M}\sum_{i=1,M} s_i = \frac{1}{M}\sum_{i=1,M} f(x_{i1},\ x_{i2},\ x_{i3},\ x_{i4},\ x_{i5},\ x_{i6}) \tag{9.46}$$

となる。このときの分散は，E を真の値とすると式(9.12)のように

$$\sigma_c{}^2 = \frac{1}{M}\left\{\int_0^1 \{f(x_i)\}^2 dx_i - E^2\right\} \tag{9.47}$$

となる。この場合の推定誤差は信頼度 98％の場合で

$$E - 2.58\frac{1}{\sqrt{M}}\sigma_c < S < E + 2.58\frac{1}{\sqrt{M}}\sigma_c \tag{9.48}$$

と算出される。このことから信頼度 98％の推定値を得るのに必要なサンプリング数の値を M' とすると

$$2 \times 2.58\frac{1}{\sqrt{M'}}\sigma_c = C$$

$$M' = \left(\frac{5.16\sigma_c}{C}\right)^2 \tag{9.49}$$

となる。M' が増加するにつれて上記の統計的誤差は小さくなるが，実際には数値計算中に許容範囲を表す定数 C と式(9.47)から求めた分散の概算値 σ_c を用いて，信頼度に準拠したサンプリング数 M' の値を知ることができる。

9.3.2　応　用　例

本項では，モンテカルロ法を実際の物理現象や工学的な問題に適用する場合の一例を示そう。これらの問題では，確率論的なモデルを用いて，モンテカルロ法によって問題の解を得ることになる。このような確率論的なモデルを含む支配方程式は，多岐にわたる分野でみられる。それぞれ具体的な適用方法は問題によって異なるが，ここではその適用方法の概要をつかんでいただこう。

（1）　酔歩の問題

モンテカルロ法の適用例を直感的に理解していただくために，酔歩の問題を紹介する。ここでは，**ランダム・ウォーク**（random walk）というよりむし

ろ文字どおり「酔っ払いの歩み」の例で説明しよう。**図 9.4** のような形状をした欄干のない橋がかかっており，酔っ払った人が地点 A（0，2）から，地点 B（$x \geqq 20$）の側に歩いていく場合を考える。この場合，この酔っ払った人がどれくらいの飲酒をしたか，あるいは橋から落ちた場合にどのようになったかは考えないとして，再び地点 A の側（$x \leqq 0$）に戻ることなく，地点 B（$x \geqq 20$）の側へうまく渡ることができる確率 E はいくらか，という問題を考えよう。このときに，この人は，1 歩の歩幅が 0.5 m とし，1 歩進んだ後，つぎにどの方向へ進むかはまったくランダムであるとする。地点 A（$x < 0$）の側へ戻ったり，橋の途中で橋からはみ出た場合（$y \geqq 4$，$y \leqq 0$）は，橋を渡るのに失敗したと考えるとする。

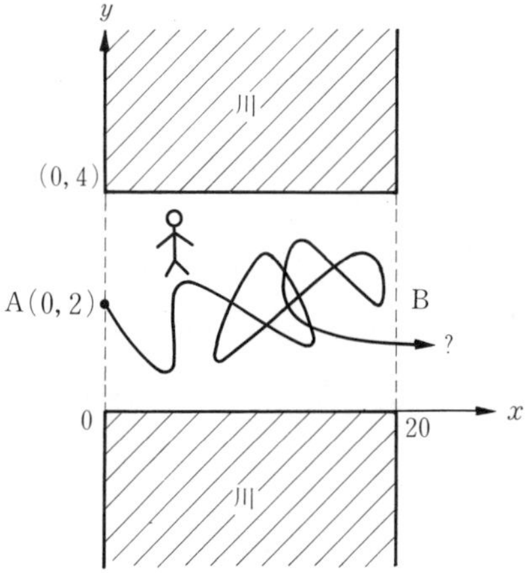

図 9.4 酔歩の問題の例：地点 A(0，2) から地点 B($x \geqq 20$) へ橋を渡る場合

ここで，この人が n 歩進んだときの位置を（x_n，y_n）とし，最初の位置は地点 A $(x_0,\ y_0) = (0,\ 2)$ であるとしよう。この人が進む方向と図中の x 軸とがなす角を θ とすると，つぎの 1 歩の方法は全方向に対してランダムであるので，r_i を区間 [0，1] の一様乱数とすると，i 歩目に進む方向の角度は

$$\theta = 2\pi r_i \tag{9.50}$$

と考えることができる。また 1 歩の歩幅は 0.5 m なので，図 9.4 中で x，y 方向それぞれに i 歩目に進む距離 dx_i，dy_i は

$$dx_i = 0.5\cos(2\pi r_i) \tag{9.51}$$

$$dy_i = 0.5\sin(2\pi r_i) \tag{9.52}$$

となる。したがって，この人の n 歩目の位置は以下のように考えられる。

$$x_n = x_0 + \sum_{i=1,n} 0.5\cos(2\pi r_i) \tag{9.53}$$

$$y_n = x_0 + \sum_{i=1,n} 0.5\sin(2\pi r_i) \tag{9.54}$$

ただし，$x < 0$，$y \geqq 4$，$y \leqq 0$ の場合は失敗したとして計算を終了し，$x > 20$ の場合は成功したと考える。上記の例の場合には，式(9.53)，(9.54)のように乱数を用いた確率的なモデルでこの過程を記述できるので，モンテカルロ法を用いて数値計算をすることができる。計算手順としては，まず区間［0, 1］で一様乱数 r_j を発生させる。その乱数 r_j を式(9.53)，(9.54)に代入することにより，j 歩目の座標（x_j，y_j）を計算する。$x_j < 0$，$y_j \geqq 4$，$y_j \leqq 0$ を満たす場合は失敗したとして，再度1歩目から計算を繰り返す。$x_j > 20$ となった場合には，成功した試行数 M 回として数えて，再度1歩目から計算を繰り返す。それ以外は再び乱数 r_j を発生させて，式(9.53)，(9.54)の計算を継続して行う。総サンプル回数 N が十分に大きくなるまでこの計算を繰り返す。このようにして得られた確率 M/N は，N が大きくなるほど，真の値 E に近付いていくことはおわかりだろう。さらに，このような手法によって解析すれ

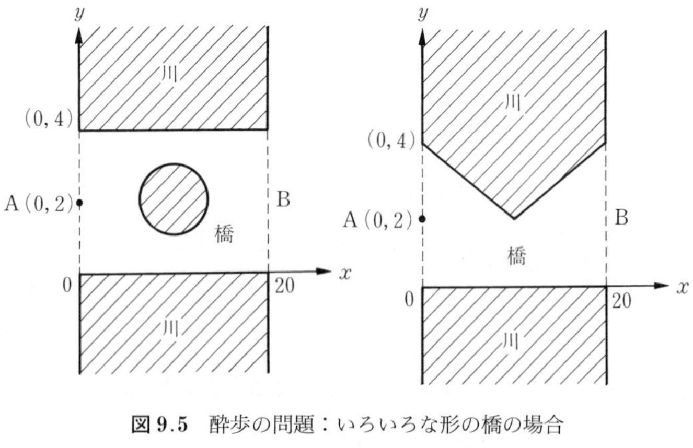

図 9.5　酔歩の問題：いろいろな形の橋の場合

ば，平均的に何歩で失敗することが多いのかなども推察することができる。現実問題としては，つぎの1歩が現在向いている方向とまったく無関係かという問題など，モデルの検討が重要である。しかし，計算モデルが妥当であれば，**図9.5**のようなもっと複雑な橋の場合にも，その失敗を表現する条件を変えるだけで，前述とまったく同じ計算手順で計算することができる。

（2）　オペレーションズ・リサーチの問題：商店の待ち時間

OR（オペレーションズ・リサーチ）とは数学的な分析手法を用いた計画手法のことで，経営戦略や土木計画，生産システムなどの予測，最適化に適用されているものである。よく引用される例としては，一つの商店があり，顧客がランダムにやってきてサービスを受けるような場合に，対応する店員を1人であるとして平均的な待ち時間 T を求めるような場合である。この場合に，顧客が来店する時間間隔 t_1 を経験的な確率分布 $P(t_1)$ とし，店員1人が顧客1人のサービスに要する時間 t_2 の経験的な確率分布を $Q(t_2)$ とすると，平均的な待ち時間をモンテカルロ法により計算することができる。確率分布 $P(t_1)$，$Q(t_2)$ に従う乱数を前述した棄却法などを用いて求め，例えば，客が来店する時刻と，その場合にサービスに要する時間を分布に従って求めて，1日の営業時間での平均待ち時間を計算し，その手順を N 日繰り返せば，モンテカルロ法によってある商店の平均的な待ち時間を計算することができる。曜日ごと，時間帯の場合分けや，店員の増減があった場合なども確率分布 P，Q を変化させることにより応用することも可能である。

（3）　パーコレーションの問題

ある現象のシミュレーションにモンテカルロ法を適用する場合には，まず現象を表現する確率論的なモデルがマルコフ過程であるとみなすことができるかどうかを検討して，支配方程式を導く必要がある。どのように支配方程式を導くかはここには記さないが，このような現象の確率論的モデルの例の一つとして，パーコレーション（浸透）の問題について述べることとしよう。パーコレーションは，高分子クラスタ成長の問題，森林火災の鎮火時間の推察や，伝導性粒子と絶縁性粒子が混合されることによって作られる物質の電気伝導度を予測することなど，さまざまな場合にみられる問題である。

例えば，**図 9.6** において，白丸を絶縁性粒子，黒丸を伝導性粒子とする。このときに，図中の桝目はある物質中の一部を表すとして，桝目にいずれかの粒子が入るものとする。このときに，伝導性粒子が全体の何パーセントを占めるようになると，伝導性粒子がつながってこの物質が電気伝導性をもつようになるかという問題を考える。このように，格子点が周囲の状態とは独立に占有されている場合に，格子点や粒子のつながりや集まりはスポンジのような多孔性物質に水が浸透（パーコレート）する様子を表していると考えることができる。そこで，これらの問題はパーコレーションの問題と呼ばれている。

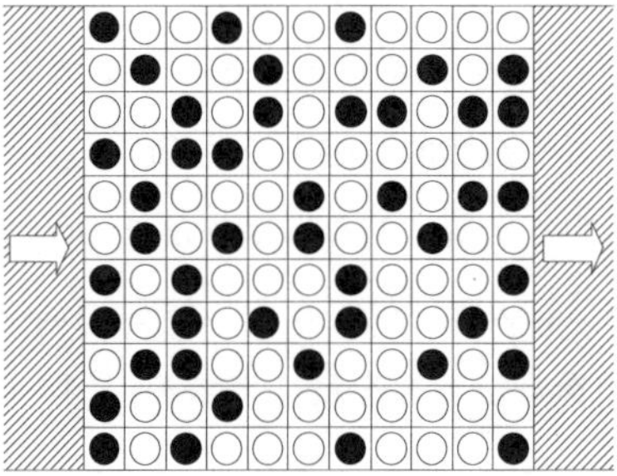

図 9.6　パーコレーションの例：伝導性粒子●と絶縁性粒子○の場合，電気伝導率を求める場合

つぎに，このようなパーコレーションの問題をモンテカルロ法で解析する方法について述べよう。全体粒子の個数を N 個，伝導性粒子の個数を M 個とすると，絶縁性粒子の個数は（$N - M$）個となる。まず，全体粒子が絶縁性粒子 N 個によって占められていると考え，そのうちの M 個がそれぞれ独立に伝導性粒子に置き換えられていくとする。一度，伝導性粒子に置き換えられた場合は，再度の置き換えは生じないとする。このような場合に伝導性粒子が幾何的につながって有限個の格子の両端を伝導性粒子をたどってつながる確率を数値計算していく。この場合に，M 個の伝導性粒子がどこに配置されるかを，すべての格子点の中から乱数を用いてモンテカルロ法により決定してい

く。この現象は，金属の相転移現象であると解釈することができる。このような伝導性粒子が幾何的につながり，格子の両端を伝導性粒子をたどっていくことができるようになる密度（M/N）は，パーコレーション閾値と呼ばれる。また，この閾値における伝導性粒子の集まり形状（クラスタ形状）はスケール不変であり，フラクタル形状をとるといわれている。

10 数値解析の応用

10.1 熱 伝 導

固体，液体，気体のいずれの相においても，物質中に温度 T の勾配が存在すると，その勾配に比例して高温側から低温側へと熱の流れが生じる。これが熱伝導であり，数学的には熱流束 q（単位面積，単位時間当りに流れる熱量，W/m²）と温度勾配の比例関係式として与えられる。

$$q = -\lambda\frac{\partial T}{\partial x} \tag{10.1}$$

これを**フーリエの法則**（Fourie's law）と呼び，比例係数 λ を**熱伝導率**（thermal conductivity，W/(mK)）と呼ぶ。熱伝導率は物質に固有の量である。例えば常温（20°C，293 K）においての純鉄と純銅の熱伝導率はそれぞれ 67 と 386 W/(mK) である。フーリエの法則を 3 次元的に表せばつぎのようになる。

$$\boldsymbol{q} = -\lambda\,\mathrm{grad}\,T \tag{10.2}$$

ここで，$\boldsymbol{q}$ は x，y，z 方向の熱流束 q_x，q_y，q_z からなる熱流束ベクトル，grad T は温度勾配ベクトルである。

$$\boldsymbol{q} = (q_x,\ q_y,\ q_z) \qquad \mathrm{grad}\,T = \left(\frac{\partial \mathrm{T}}{\partial x},\ \frac{\partial T}{\partial y},\ \frac{\partial T}{\partial z}\right) \tag{10.3}$$

この熱伝導により物質中の温度の分布が決定される。工学においては，さまざまな物質からなるさまざまな形態の物体中での温度の分布を求めることが重要となる場合が多い。こうした，物体中の温度分布を求めるためには，上のフーリエの法則を用い，物体の微少要素内での熱のバランスを考えることにより得られる熱伝導方程式と呼ばれる偏微分方程式を解くことが必要となる。これは次式で与えられる。

$$\rho C_P \frac{\partial T}{\partial t} = \frac{\partial}{\partial x}\left(\lambda \frac{\partial T}{\partial x}\right) + \frac{\partial}{\partial y}\left(\lambda \frac{\partial T}{\partial y}\right) + \frac{\partial}{\partial z}\left(\lambda \frac{\partial T}{\partial z}\right) + Q \qquad (10.4)$$

ここで，t は時間，ρ は物質の密度，C_P は定圧比熱，Q は物質中の単位体積当りの発熱率（$\mathrm{W/m^3}$）である。熱伝導率が一定と仮定できる場合には式(10.4)はつぎのようになる。

$$\rho C_P \frac{\partial T}{\partial t} = \lambda\left(\frac{\partial^2 T}{\partial x^2} + \frac{\partial^2 T}{\partial y^2} + \frac{\partial^2 T}{\partial z^2}\right) + Q \qquad (10.5)$$

式(10.4)または式(10.5)を解くことにより，熱伝導による物体中の温度分布が時間的な変化を含めて求めることができる。式(10.4)または式(10.5)の解析解については古くから物理学，数学の研究対象としてさまざまな解法が得られてきたが，解析解の得られるのは非常に限られた簡単な体系についてのみである。特に工学上必要となる複雑な形態の物体内部の温度分布は解析解では求めることができない場合が多く，数値解法に頼らざるをえない。コンピュータが出現する以前から，数値解法による熱伝導方程式の解を求めることが行われていたが，コンピュータの発達によって，この熱伝導方程式の数値解を求めることは非常に簡単かつ高速に行うことが可能となり，物体内の温度分布が正確に求められるようになった。熱伝導現象の解析は数値解析がその威力を効果的に発揮する，重要な応用例の一つである。

定常的な物体の熱伝導による温度分布を求める場合には，熱伝導率を一定とすると式(10.5)の時間微分項を除いた，つぎの方程式を解くことになる。

$$\lambda\left(\frac{\partial^2 T}{\partial x^2} + \frac{\partial^2 T}{\partial y^2} + \frac{\partial^2 T}{\partial z^2}\right) = -Q \qquad (10.6)$$

これは，Q が 0（物体中の発熱がない）の場合にはラプラス方程式，Q が 0 でない場合にはポアソン方程式と呼ばれるものになり，いずれも楕円型の偏微分方程式となる。したがって，定常の熱伝導の問題は基本的には8章で述べた楕円型の偏微分方程式を解くことに帰着される。8章でも述べたように，楕円型の偏微分方程式が数学的に安定な解をもつためには，境界値問題として解く必要がある。これは式(10.6)を解く領域の境界においての値あるいは勾配を与えて解くことが必要であることを意味する。物体の定常の熱伝導を解析する場合には物体の周囲での温度または熱流束（これはフーリエの法則により温度勾配として与えられる）を与えて，物体の内部の温度分布を求めることとなるから，これは楕円型偏微分方程式を境界値問題として解く典型的な応用例となる。現在までにさまざまな3次元の物体の内部の温度分布を求める効率的，かつ正確に求める計算プログラムが開発されており，工学のさまざまな分野で活用されている。

図10.1は，幅0.15 m長さ1 mの鋼鉄製の板の片面に図10.1(a)の実線のような熱流束の分布を与え，もう片面を大気圧の水で冷却（沸騰するのでほぼ100℃に保たれる）した場合の，板の中の温度分布ならびに反対の面での熱流束（図10.1(a)の点線）を計算したものである。このような境界条件での解析解を求めることは非常に困難であるが，数値解析によれば，デスクトップのパソコンを用いてもほぼ瞬時に答が得られる。

もう一つの熱伝導現象の解析の応用例として重要なものに，非定常熱伝導現象の解析がある。これは，高温の金属の板をある瞬間から水につけて急速に冷却する場合の金属板中の温度分布の変化を求めるような場合であり，いま簡単のため物体中の熱の流れを1次元的とすれば式(10.5)は次のようになる。

$$\rho C_P \frac{\partial T}{\partial t} = \lambda \frac{\partial^2 T}{\partial x^2} + Q \tag{10.7}$$

これも8章で述べた典型的な放物型偏微分方程式と呼ばれるものであり，8章で述べた方法によって解くことができる。放物型の偏微分方程式が数学的に安定な解をもつためには物体の初期状態の温度分布を与えて，以後の時刻の温度分布を求める初期値問題としておく必要がある。物体の冷却の場合には，初期の物体の温度分布がわかっており，その後の温度分布の時間変化を求めるこ

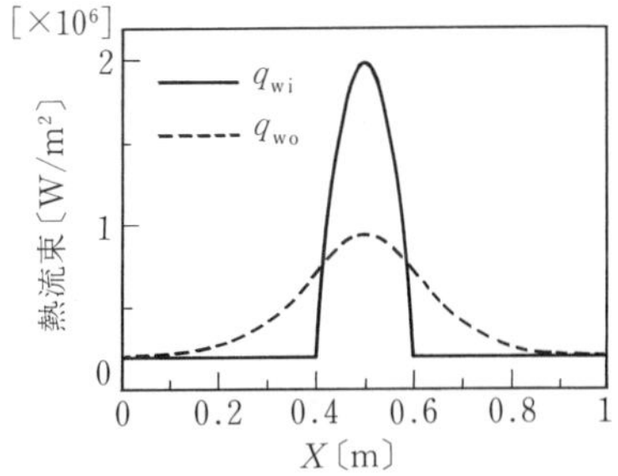

（a） 表面熱流束の分布（$q_{peak} = 2.0 \times 10^6$ W/m^2, $d = 0.15$ m）

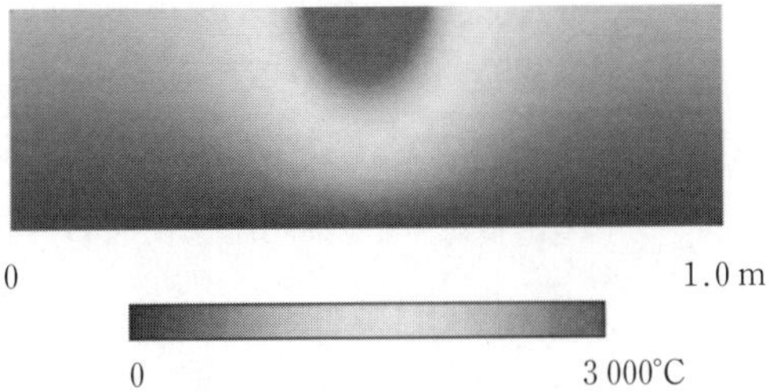

（b） 圧力容器壁内の温度分布（$q_{peak} = 2.0 \times 10^6$ W/m^2, $d = 0.15$ m）

図 10.1

とになるので，まさしく，放物型の偏微分方程式の数値解法の適用例となる。

こうした，非定常熱伝導の数値解析も，金属の圧延，冷却，加熱など工学のさまざまな分野できわめて重要であり，効率的な計算プログラムが多数開発されている。

10.2 流　体　力　学

液体，気体などの流れを取り扱う流体力学は物理学の重要な一分野として，早くから理論的な解析が行われ，高度な数学の理論とともにコンピュータが現れるはるか以前から高度に発達した理論体系を構成してきた。20 世紀に入って，航空機，ロケットなどの開発，蒸気タービン，ガスタービンの開発に伴い，複雑な体系での流れの解析が必要となり，解析的方法では実用的な計算を行うことが不可能な場合が多くなり，数値解析の手法が開発されるようになった。コンピュータが出現する以前から，非常な労力を要して，数値計算が行われてきたが，コンピュータの飛躍的発展により，流体力学の数値解析による解析は著しい進歩をとげ，今日の高度な流体関連技術を支えている。また，流体力学の数値解析法の開発の過程で多くの有用な数値解析的手法が生み出され，これがほかの工学分野の数値解析にも大きく役立ってきている。

流体力学の数値解析的方法は，流体の運動を支配する基礎方程式（偏微分方程式）を数値的に解くことに帰着する。流体力学の基礎方程式は，大きく分けて，流体の粘性を無視しうる場合に適用される完全流体の基礎方程式と流体の粘性を考慮したナビエ-ストークスの基礎方程式があり，それぞれに，数値解法は異なっている。いずれも，数値解析の応用例としてはきわめて重要なものである。

いま，流体の密度を一定とし（非圧縮流体），粘性のない流体の質量運動量の保存式は次のように与えられる。

（連続の式）

$$\frac{\partial u}{\partial x}+\frac{\partial v}{\partial y}+\frac{\partial w}{\partial z}=0 \tag{10.8}$$

（運動量保存式）

$$\begin{aligned}
&\frac{\partial u}{\partial t}+u\frac{\partial u}{\partial x}+v\frac{\partial u}{\partial y}+w\frac{\partial u}{\partial z}=-\frac{1}{\rho}\frac{\partial p}{\partial x}+f_x\\
&\frac{\partial v}{\partial t}+u\frac{\partial v}{\partial x}+v\frac{\partial v}{\partial y}+w\frac{\partial v}{\partial z}=-\frac{1}{\rho}\frac{\partial p}{\partial y}+f_y\\
&\frac{\partial w}{\partial t}+u\frac{\partial w}{\partial x}+v\frac{\partial w}{\partial y}+w\frac{\partial w}{\partial z}=-\frac{1}{\rho}\frac{\partial p}{\partial z}+f_z
\end{aligned} \tag{10.9}$$

ここで，u，v，w は x，y，z 方向の速度成分，p は圧力，ρ は密度，f_x，f_y，f_z は x，y，z 方向の外力である。これらの方程式を数値解析により解けば，粘性を考えない完全流体の流れ場のシミュレーションができるが式(10.8)，(10.9)を解く場合には，つぎのような速度ポテンシャルを考えて解く方法が用いられる。すなわち，速度ポテンシャル φ を次式で定義する。

$$u = \frac{\partial \varphi}{\partial x}, \quad v = \frac{\partial \varphi}{\partial y}, \quad w = \frac{\partial \varphi}{\partial z} \tag{10.10}$$

これを用いると式(10.8)はラプラス方程式となる。

$$\frac{\partial^2 \varphi}{\partial x^2} + \frac{\partial^2 \varphi}{\partial y^2} + \frac{\partial^2 \varphi}{\partial z^2} = 0 \tag{10.11}$$

したがって，流体の速度場を求めることは，ラプラス方程式を解くことに帰着される。これを，流れ場の境界における境界条件を与えて，8章で述べた方法で解くことにより，粘性のない流体の流れ（式(10.10)のような速度ポテンシャルが存在するのでポテンシャル流と呼ぶ）の流れ場は数値解析により容易に求めることができる。こうして求めた速度場を式(10.9)に代入し，外力を与えることにより，流体内部の圧力場が求められる。

流体の粘性を考慮する場合には，基礎方程式は次式で与えられるナビエ-ストークス式となる（ただし，応力が速度勾配に比例するニュートン流体の場合）。

(連続の式)

$$\frac{\partial u}{\partial x} + \frac{\partial v}{\partial y} + \frac{\partial w}{\partial z} = 0 \tag{10.12}$$

(運動量保存式)

$$\begin{aligned}
&\frac{\partial u}{\partial t} + u\frac{\partial u}{\partial x} + v\frac{\partial u}{\partial y} + w\frac{\partial u}{\partial z} \\
&\quad = -\frac{1}{\rho}\frac{\partial p}{\partial x} + \nu\left(\frac{\partial^2 u}{\partial x^2} + \frac{\partial^2 u}{\partial y} + \frac{\partial^2 u}{\partial z^2}\right) + f_x \\
&\frac{\partial v}{\partial t} + u\frac{\partial v}{\partial x} + v\frac{\partial v}{\partial y} + w\frac{\partial v}{\partial z} \\
&\quad = -\frac{1}{\rho}\frac{\partial p}{\partial y} + \nu\left(\frac{\partial^2 v}{\partial x^2} + \frac{\partial^2 v}{\partial y} + \frac{\partial^2 v}{\partial z^2}\right) + f_y \\
&\frac{\partial w}{\partial t} + u\frac{\partial w}{\partial x} + v\frac{\partial w}{\partial y} + w\frac{\partial w}{\partial z} \\
&\quad = -\frac{1}{\rho}\frac{\partial p}{\partial z} + \nu\left(\frac{\partial^2 w}{\partial x^2} + \frac{\partial^2 w}{\partial y} + \frac{\partial^2 w}{\partial z^2}\right) + f_z
\end{aligned} \tag{10.13}$$

ここでνは流体の動粘性係数〔m²/s〕である。この粘性流の基礎方程式の場合には，ポテンシャル流の場合のように速度ポテンシャルが存在しないので，数値解析はより難しくなり計算量も増える。特に流体の速度が大きくなり，流れ場の体系が大きくなると，計算量はきわめて膨大となり，現在の最高性能のスーパーコンピュータを用いても，計算できない場合がある。しかしながら，速度が小さく，流れ場の体系があまり大きくない場合には式(10.12)，(10.13)で与えられる偏微分方程式は数値解法により解くことが可能でありさまざまな工学分野において流れ場のシミュレーションに用いられている。解き方は8章に述べた偏微分方程式の解き方を多くの物理量の連立偏微分方程式に拡張したもので，基本的な考え方は同じである。

一例として**図10.2**に0.15 m/sで流れる流れ場の中に，複雑な形をした物体（図中白抜き）を入れその周りにできる流れ場を計算した結果を示す。図中の矢印は流体中のそれぞれの位置の速度ベクトルを表している。このような計算は，現在では卓上の高性能パソコンを用いても計算できるようになっている。

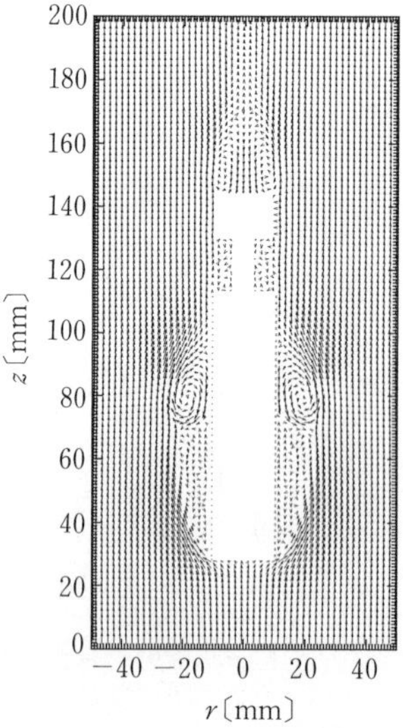

図10.2　物体の周りの流れ場シミュレーション

10.3 分子動力学法

10.3.1 分子動力学法の計算方法

近年，コンピュータ能力の飛躍的な向上と原子・分子レベルの実験技術の進歩によって，工学的問題として原子・分子を扱うシミュレーションの重要性が増大している。またこのようなシミュレーション手法の中で，個々の原子・分子運動を解いて追跡する**分子動力学法**（molecular dynamics method）は，近似レベルや適用性に応じて実にさまざまな計算方法が開発されてきている。現在では，分子動力学法は化学，物理化学分野ではもちろんのこと，材料力学，熱力学，流体力学，材料加工など多岐にわたる工学分野の分子スケールの解析に応用されるようになってきた。また，支配方程式の側面からみると，ニュートン力学を用いて原子・分子の挙動を記述する古典分子動力学法を初めとして，時間に依存するシュレディンガー方程式や時間に依存しないシュレディンガー方程式の解法を含む量子分子動力学法や第一原理分子動力学法なども発展してきている。

この中で，古典分子動力学法はニュートンの方程式をすべての原子・分子に適用して解いていく手法であり，基礎式としてはきわめて単純である。この場合に，多数の原子・分子がたがいに相互作用しながら運動しているので，解析的に解くことは事実上不可能となる。したがって，コンピュータを用いて数値的に解くこととなるのだが，以下に一般的な数値解析手法の概略を示そう。

例として，**図 10.3** に示すような N 個の分子からなる系を考えよう。まず分子動力学法では，最初にポテンシャル関数を設定する。このポテンシャル関数とは，分子間に働く相互作用を表現した関数のことである。ここでは，説明のために分子間ポテンシャル関数として簡単な中心力 2 体ポテンシャル $\phi(r)$ を用いた場合を考える。このとき系全体のポテンシャルエネルギー Φ は，すべての分子に関するポテンシャル関数 $\phi(r)$ の足し合せとなり，次式のようになる。

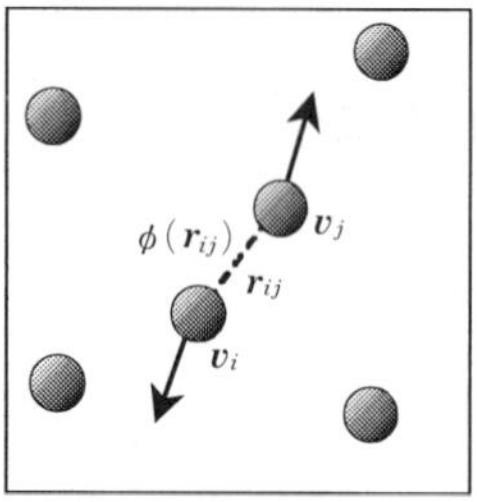

図 10.3　分子系とポテンシャル関数

$$\Phi = \sum_{i} \sum_{j, j \neq i} \phi(r_{ij}) \tag{10.14}$$

ここで，r_{ij} は分子 i と分子 j 間の距離とし，分子 i の 3 次元位置ベクトルを $\boldsymbol{r}_i = (x_i,\ y_i,\ z_i)$ とすると

$$r_{ij} = |\boldsymbol{r}_i - \boldsymbol{r}_j| \tag{10.15}$$

と表すことができる。このように，ポテンシャル関数が分子の相対的位置の関数で表現されていれば，分子 i に働く力 $\boldsymbol{F}_i$ は次のようにポテンシャルエネルギー Φ を分子 i の座標で微分することにより，計算することができる。

$$\boldsymbol{F}_i = -\left(\frac{\partial \Phi}{\partial x_i},\ \frac{\partial \Phi}{\partial y_i},\ \frac{\partial \Phi}{\partial z_i}\right) \tag{10.16}$$

ここで，分子 i に働く力 $\boldsymbol{F}_i$ はベクトルであることに注意が必要である。分子 i の質量を m_i とすると，ニュートンの運動方程式は，力と加速度の関係から以下の式のようになる。

$$m_i \frac{d^2 \boldsymbol{r}_i}{dt^2} = \boldsymbol{F}_i \tag{10.17}$$

上式は時間 t を変数として，分子 i の座標 $\boldsymbol{r}_i$ に関する 2 階の常微分方程式と考えることができる。7 章で示した解法を適用してみよう。まず，2 階常微分方程式を，速度 $\boldsymbol{v}$ を用いて二つの 1 階常微分方程式に置き換える。

$$m_i \frac{d\boldsymbol{v}_i}{dt} = \boldsymbol{F}_i \tag{10.18}$$

$$\frac{d\boldsymbol{r}_i}{dt} = \boldsymbol{v}_i \tag{10.19}$$

数値解析としては，式(10.18)，(10.19)を連立常微分方程式の解法を用いて解いていけばよい。ただし，計算系内のすべての分子に対して解く必要があるので，計算負荷としては大きなものとなる。代表的な解法例を以下に示そう。速度の時間微分を時刻 $t+\Delta t/2$ と $t-\Delta t/2$ の差分で与える。時間刻みを $\Delta t/2$ として中心差分法を適用すると，式(10.18)より以下の差分式が導かれる。

$$\frac{\boldsymbol{v}_i\left(t+\dfrac{\Delta t}{2}\right)-\boldsymbol{v}_i\left(t-\dfrac{\Delta t}{2}\right)}{\Delta t}=\frac{\boldsymbol{F}_i(t)}{m_i} \tag{10.20}$$

この式より，時刻 $t+\Delta t/2$ の速度ベクトルは以下のように与えられる。

$$\boldsymbol{v}_i\left(t+\frac{\Delta t}{2}\right)=\boldsymbol{v}_i\left(t-\frac{\Delta t}{2}\right)+\frac{\Delta t}{m_i}\boldsymbol{F}_i(t) \tag{10.21}$$

一方，式(10.19)の位置ベクトルの時間微分を時刻 $t+\Delta t$ と t の差分で次式のように与える。

$$\frac{\boldsymbol{r}_i(t+\Delta t)-\boldsymbol{r}_i(t)}{\Delta t}=\boldsymbol{v}_i\left(t+\frac{\Delta t}{2}\right) \tag{10.22}$$

この式より，時刻 t の位置ベクトルは以下のように与えられる。

$$\boldsymbol{r}_i(t+\Delta t)=\boldsymbol{r}_i(t)+\Delta t\ \boldsymbol{v}_i\left(t+\frac{\Delta t}{2}\right) \tag{10.23}$$

すなわち式(10.21)，(10.23)より，速度と位置ベクトルの時間積分を $\Delta t/2$ だけずらして行うこととなる。このような計算手法は**蛙跳び**（leap-frog）**法**と呼ばれているが，中心差分法と同様な手法と考えることができる。式(10.17)のニュートンの方程式の解法としては，このほかに予測子・修正子法やルンゲ-クッタ法が用いられることがある。また通常，分子の初期条件として初期分子速度，初期位置座標が与えられるので，式(10.17)のニュートンの方程式を，2階の常微分方程式の初期値問題として解くことになる。実際の数値解析は以下の手順で行う。

（a） 初期条件として初期速度 $\boldsymbol{v}_{0,i}$，初期位置座標 $\boldsymbol{r}_{0,i}$（$i=1, \cdots, N$）を計算系内の N 個の分子すべてに対して与える。

（b） 時刻 t での分子の位置座標 $\boldsymbol{r}_i$（$i=1, \cdots, N$）を用いて，式(10.16)より，分子 i に働く力 $\boldsymbol{F}_i$ を計算する。

(c)　分子 i に働く力 $\boldsymbol{F}_i$ を用いて，式(10.21)より，時刻 $t+\Delta t/2$ での分子 i の速度 $\boldsymbol{v}_i(t+\Delta t/2)$ を求める。

(d)　分子 i の速度 $\boldsymbol{v}_i(t+\Delta t/2)$ を用いて，式(10.23)より，時刻 $t+\Delta t$ での分子 i の位置座標 $\boldsymbol{r}_i(t+\Delta t)$ を求める。

(e)　(b)〜(d)の計算を，計算系内にある N 個の分子すべてに対して並列して行う。

(f)　(b)〜(e)までを1ステップの計算として，設定した時間まで Δt の刻み幅で繰り返し，計算系内にある N 個の分子の速度と位置の時間変化を数値計算する。

(1)　ポテンシャル関数

原子・分子間の相互作用を表現するポテンシャル関数には，これまでに多くのものが提案されている。ポテンシャル関数として中心力2体ポテンシャルを用いる例を説明したが，この分子間ポテンシャル関数の選択は分子動力学法の大きな問題の一つである。すなわち，取り扱う原子・分子によってさまざまなポテンシャル関数が提案されており，どのような現象観察を目的とするかによって選ぶべきポテンシャルが異なってくるわけである。その中で**レナード-ジョーンズ**（12-6）（Lennard-Jones）**ポテンシャル**は，その簡便さのために解析や数値計算に用いられることの多い関数の一つで，以下のように表される。右辺第1項は分子間の斥力を，第2項は引力を表している。

$$\phi(r)=4\varepsilon\left\{\left(\frac{\sigma}{r}\right)^{12}-\left(\frac{\sigma}{r}\right)^{6}\right\} \tag{10.24}$$

ここで，r は分子間距離，ε はポテンシャルの谷の深さを表すパラメータ，σ は見かけの分子径を表すパラメータである。ポテンシャルパラメータ ε，σ は計算対象とする原子・分子によって異なってくる。式(10.24)は解析的に微分可能であるので，このポテンシャルを用いて式(10.16)より分子に働く力 $\boldsymbol{F}$ を計算することができる。このレナード-ジョーンズ（12-6）ポテンシャルのグラフを**図 10.4** に示している。図中には，ポテンシャルエネルギー ϕ および分子間距離 r を ε と σ で無次元化した形で示している。分子間距離 r が小さく

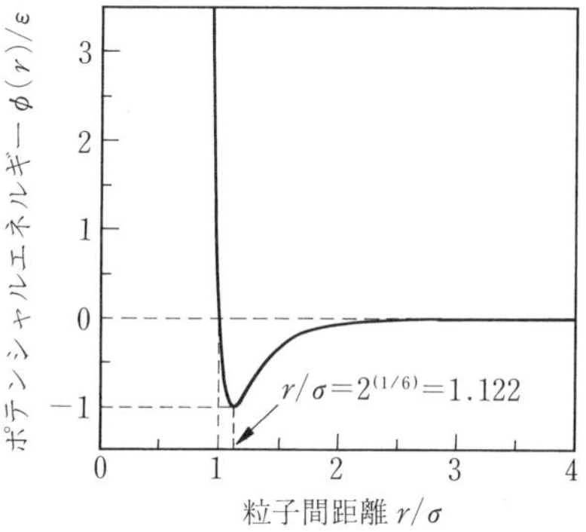

図 10.4 レナード-ジョーンズ(12-6)ポテンシャル

なって分子と分子が接近すると，図中のポテンシャルの壁によって分子どうしが反発し合うことが想像いただけるだろう。

（2） 周期境界条件

分子動力学法では，原子・分子の集まる系を扱うことになるが，計算可能な原子・分子の総個数はコンピュータの能力により制限されてしまう。そのために，現実のバルク系を模擬するために**図 10.5** に示すような周期境界条件が用いられることが多い。この周期境界条件は，バルク系の一部分の原子・分子を取り出してきて，基本セルと呼ばれる計算領域中に配置していると考えるのである。つまり基本セル周辺に仮想領域を配置し，基本セル境界部付近の原子・分子には，基本セル内の原子・分子からの相互作用だけではなく，周辺の仮想領域中の原子・分子からの相互作用も加え合わせて数値計算を行う。また基本

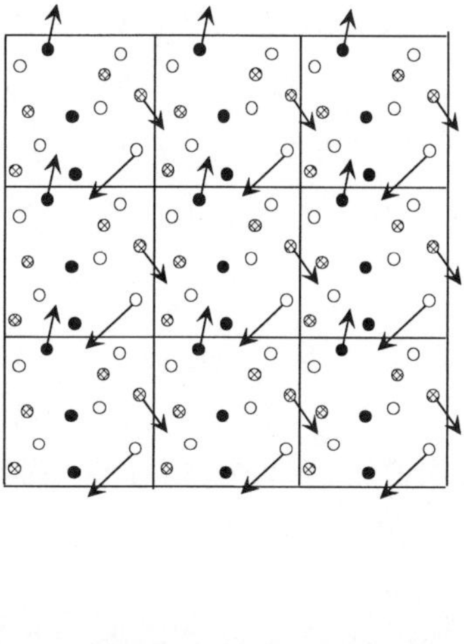

図 10.5 周期境界条件：中心部の正方形を基本セルとする

セル境界から出た分子は，他方の境界から基本セル内に入るという操作も同時に行うことになる。

（3） 温度境界条件

分子運動論的には，温度 T は分子の運動エネルギーの平均値によって，以下の式で定義できる。

$$\frac{3}{2}kT = \frac{1}{N}\sum_{i=1}^{N}\frac{1}{2}m_i\boldsymbol{v}_i^2 \qquad (10.25)$$

ここで，N は分子個数，m_i，$\boldsymbol{v}_i$ はそれぞれ分子 i の質量，速度である。また，k はボルツマン定数である。分子動力学法において，温度一定の境界条件を用いる場合には，境界領域における分子の平均温度を式(10.25)を用いて計算し，それが与えられた温度と等しくなるように全分子の速度を等倍（スケーリング）するのが通常である。

（4） 初期状態の作成

さて，温度 T〔K〕，圧力 P〔Pa〕の気体分子の熱平衡状態の初期状態を作成することを考えよう。このとき計算系内の空間に，設定温度 T〔K〕，設定圧力 P〔Pa〕，計算系の体積 V〔m^3〕に状態方程式から算出された数に対応する分子個数に対して，モンテカルロ法などにより計算系内のランダムな位置（p_x，p_y，p_z）に初期分子位置を設定する。また，温度 T〔K〕のボルツマン分布に従う乱数を発生させて，式(10.25)より，各原子，分子の速度 $\boldsymbol{v}$（v_x，v_y，v_z）を決定する。この際に，系全体に温度補正や運動量補正を行うことにより，設定温度の初期条件を作成する。圧力に関しては，系の大きさを調整することにより目的圧力に設定する。通常は，上記のようにして作成した初期状態から，ある程度数値積分によって時間を進めたのち，系全体が設定温度 T〔K〕，設定圧力 P〔Pa〕の熱平衡状態になっていることを確認したあと，初期状態として用いることが多い。

10.3.2 応　　用　　例

本項では，分子動力学法の実際の数値計算例について述べよう。**図 10.6** は

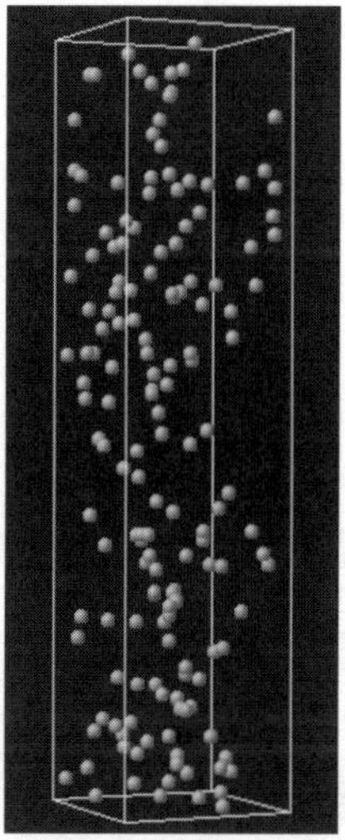

図 10.6 分子動力学シミュレーション適用例：気体状態

分子動力学法のシミュレーション例であり，ある瞬間の計算系の状態（スナップショット）を示している。図中の白球は，それぞれ1個の分子を表しており，図中の直方体は計算系の基本セルである。分子間ポテンシャル関数として，レナード-ジョーンズ（12-6）型ポテンシャルを用いて，気体状態のシミュレーションを行ったものである。ポテンシャルパラメータは酸素分子のものを用いた。図中のすべての方向には周期境界条件を施し，系の温度は1 000 Kの平衡状態となっている。初期状態の作成に関しては，モンテカルロ法を適用して分子それぞれの初期座標，初期速度を作成した。それぞれの分子に対して，式(10.17)のニュートンの方程式を $\varDelta t = 2 \times 10^{-15}$ s（2フェムト秒）で数値積分して，分子速度，位置の変化を求めている。図 10.6 の状態は，初期状態から 50 000 ステップ経過した場合，すなわち 100 ピコ秒後の計算結果である。このように，ニュートンの方程式の数値積分をコンピュータで逐次行うことにより，それぞれの分子の位置や速度の変化をシミュレーションすることができる。

図 10.7 は，光照射下の薄膜の状態変化を分子動力学法によってシミュレートした例である。図中の水平方向は周期境界条件，鉛直方向上部は自由境界条

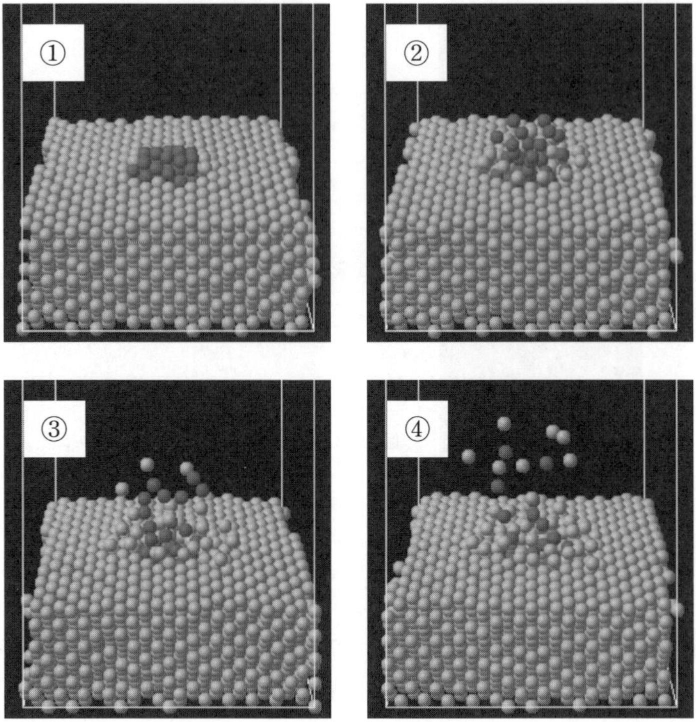

図 10.7　薄膜への光照射過程の分子動力学シミュレーション
：濃色部分が光エネルギー吸収部

件，表面下部 3 原子層には温度一定の境界条件を与えている。計算領域中心部の原子がレーザ光のエネルギーを吸収して，融解，蒸発していく様子が観察されている。このような場合に，原子・分子スケールの光吸収モデルを組み込むことにより，分子スケールの微小な領域の相変化過程の解析が可能となっている。同様に化学反応が生じる過程の解析にも，化学反応過程の記述を含んだポテンシャル関数を用いれば適用することができる。また，近傍の複数の原子・分子位置から決定される多体ポテンシャル関数を用いることにより，固体中の原子・分子挙動に関する現象にも分子動力学法は適用でき，材料力学，破壊力学などの問題に適用されてきている。このように，分子動力学法の適用範囲は今後いっそう広がっていくと考えられる。しかし，現実の現象との対応を考える際には，使用するポテンシャル関数の適用限界やシミュレーション上の仮定，境界条件の正当性，計算時間の妥当性，計算規模の妥当性などを十分に吟味したうえで計算結果を解釈することが重要である。

10.4 物質拡散の応用（温度場との連成）

10.4.1 材料プロセスと溶質拡散

材料の組織制御，加工，プロセスにおいて物質（溶質）の拡散に伴う現象は非常に多くある。例えば，材料の強靱化につながる相の析出過程の多くは，物質拡散が律速している。あるいは，LSI の製造において単結晶 Si のウェハー上に p，n 型の半導体を形成する技術も，物質の拡散現象と密接に関係している。ここでは，結晶成長・凝固プロセスにおける物質拡散について紹介する。

結晶成長・凝固プロセスで製造されるものには，ton 単位の重量の発電用ロータなどから LSI 用の単結晶 Si まで広範であり，それぞれ要求される特性を満足するようにプロセスが設計されている。

多くの材料では，組成の分布に対してきびしい要求を満たす必要がある。いくつかの例を以下に示す。航空機ジェットエンジンの単結晶タービンブレードでは，組成の不均一な領域（偏析）が発生すると，力学的な特性が低下する。高温・高速で回転し，小さな欠陥でも大きな事故につながる可能性があり，均一な組成・組織のタービンブレードを製造し，要求された特性を満足することは重要である。また，半導体では p 型，n 型の特性を制御するために極微量の溶質が添加されるのが一般的である。この溶質が均一に分布しない場合には，半導体の特性（キャリヤ濃度）にも不均一が生じ，デバイス化に大きな障害となる。レーザなどの光を利用した微細加工技術や情報通信は大きな発展をしているが，これらのシステムにおいても光伝送用のファイバから，フィルタ・波長変換素子など多くの光学材料が使用されているが，組成の不均一は屈折率などの特性に影響する可能性があり，組成制御が重要であることはいうまでもない。

育成した結晶内で組成が不均一になる現象は，成長界面における溶質の再分配と溶質の輸送に関係している。成長界面において固相濃度と液相濃度は熱力学的に決まり，2相の溶質濃度が等しいことはまれである。**図 10.8** に示す状態図のように，固相と液相の平衡関係は固相線と液相線で表されている。固相の濃度を平衡する液相の濃度で割った値が分配係数であり，図 10.8 では1以下である。このような合金では，液相から成長した固相の溶質濃度が低くなるため，余分な溶質は液相中に排除されることになる。

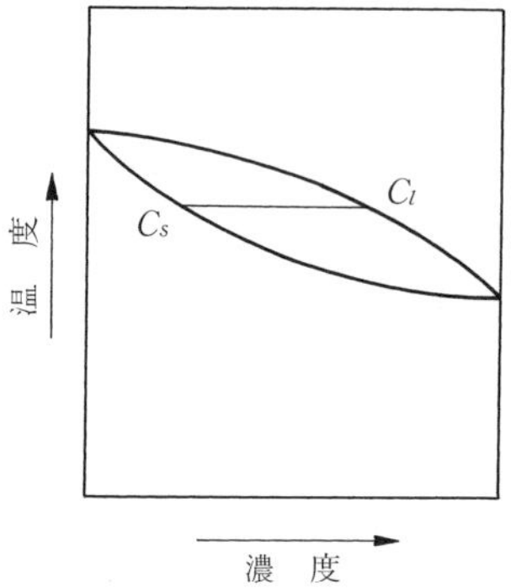

図 10.8　状態図の例

溶質の拡散係数は 10^{-6} から 10^{-9} m²/s 程度である。平均拡散距離は $\sqrt{2Dt}$ であるから，拡散時間が 10^3 s（時間オーダ）としても平均拡散距離はせいぜい 10^{-2} から 10^{-3} m 程度である。この拡散距離は通常の製造物の大きさに比べて小さく，溶質の拡散による均一化により製造物内の組成が均一になることはほとんどない。したがって，温度条件などの制御により均一な結晶を育成する必要がある。

10.4.2　単結晶プロセス

単結晶の製造には，ブリッジマン法，引上げ法（チョコラルスキー法）が用いられる。この方法では，結晶は温度勾配下で一方向に成長するようになっている。るつぼの中に目的物質を入れ，結晶をるつぼ内で一方向凝固する方法がブリッジマン法であり，溶湯に上から結晶をつけて回転しながら結晶を引き上げる方法が引上げ法である。

図 10.9 はブリッジマン法における熱的な条件と成長界面の模式図である。ヒータ，試料は軸対称になっており，断面を示している。ヒータの温度には勾配があり，上部が高温になっている。ヒータ/るつぼ/結晶（固相・液相）間は熱伝達であり，試料内は熱伝導である。ヒータの温度勾配により試料内にも温度勾配が生じている。試料を一定速度 V で引き下げると，固相が下から上に一定速度で成長する。

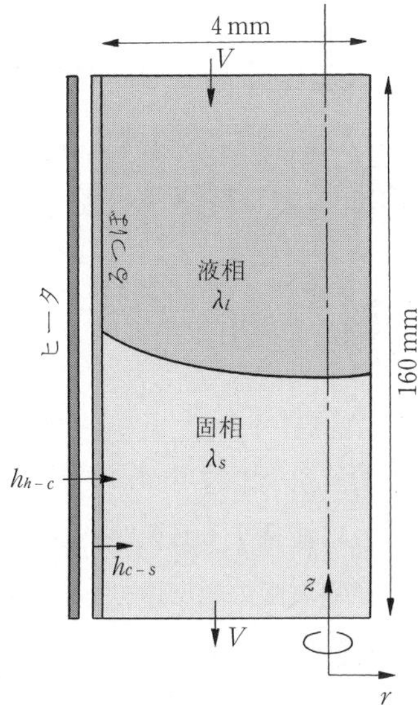

図 10.9　ブリッジマン炉の配置と境界条件

成長界面では溶質が排除されるため，界面付近の液相中の溶質濃度が増加し，液相中へ拡散する。成長の開始からしばらくすると定常状態の濃化層が形成されれば，成長界面における液相濃度が一定となる。すなわち，均一な固相が形成される。しかし，成長界面が平滑でなくなると，凹部に溶質が濃化することになり，半径方向に濃度の不均一が生じる。そこで均一な結晶が育成されるヒータなどの温度条件，試料形状を予測することは有益である。解析的に求めることはほとんどのケースで困難であり，数値解析が利用される。

10.4.3 数値計算例

成長界面における溶質分布を知るための支配方程式を考える。試料内の温度分布は熱（拡散）伝導に支配される。図 10.9 のように軸対称な形状を考えているため，直交座標よりも円柱座標系のほうが便利である。円柱座標系における熱拡散方程式は

$$(\rho C_p)_i\frac{\partial T}{\partial t}=\frac{1}{r}\frac{\partial}{\partial r}\left(\lambda_i\frac{\partial T}{\partial r}\right)+\frac{1}{r^2}\frac{\partial}{\partial\theta}\left(\lambda_i\frac{\partial T}{\partial\theta}\right)+\frac{\partial}{\partial z}\left(\lambda_i\frac{\partial T}{\partial z}\right)+(\rho C_p)_iV\frac{\partial T}{\partial z}+q \tag{10.26}$$

である。右辺はそれぞれ半径方向，円周方向，鉛直方向の熱伝導，対流項，潜熱項 q である。V は試料の引下げ速度であり，鉛直下向きを正としている。ここでは試料内の温度分布も軸対象であると仮定し，右辺第 2 項は零になる。したがって

$$(\rho C_p)_i\frac{\partial T}{\partial t}=\frac{1}{r}\frac{\partial}{\partial r}\left(\lambda_i\frac{\partial T}{\partial r}\right)+\frac{\partial}{\partial z}\left(\lambda_i\frac{\partial T}{\partial z}\right)+(\rho C_p)_iV\frac{\partial T}{\partial z}+q \tag{10.27}$$

となる。ここで，添え字の i は固相，液相を示している。特に固相と液相の物性値に大きな差がある半導体では，物性値の違いに注意する必要がある。

試料の熱的な境界条件は，ヒータ，るつぼ，試料表面の熱伝達である。境界条件が決定しても，この式(10.27)より温度場の数値解を求めることはできない。その理由は，固相・液相の界面位置が決まっていないからである。界面位置は固相と液相の化学平衡が成立する条件を満たす必要があり，温度だけでなく濃度の情報も必要である。

つぎに溶質拡散を考える。一般に固相中の拡散係数は液相中に比べて非常に小さい。ここでは簡単のため，固相中の拡散を無視できる程度として，考慮しない。液相中の溶質の拡散方程式は

$$\frac{\partial C}{\partial t}=\frac{1}{r}\frac{\partial}{\partial r}\left(D\frac{\partial C}{\partial r}\right)+\frac{\partial}{\partial z}\left(D\frac{\partial C}{\partial z}\right)+V\frac{\partial C}{\partial z} \tag{10.28}$$

である。ここでは軸対象を仮定し，円周方向に濃度差はないとしている。

式(10.28)の境界を決定する成長界面位置では，化学平衡が成立していることから，温度と液相濃度および固相と液相濃度には次式が成立すると考える。

$$T^* = T_m + mC_l^* \\ C_s^* = kC_l^* \tag{10.29}$$

ここで * の添え字は成長界面を表す。m は液相線の勾配である。

成長界面も含めた溶質拡散の境界条件は，

（1） 上部では平均濃度 C_0 の液相が流入する（定常状態を知ることを目的としているため，溶質の拡散層よりも十分上部にこの流入する境界を定義している。液相が無限遠であることと等価である）。

（2） 成長界面では，$kC_l^* V\Delta t$ の溶質が固相となり，液相から除かれる。

とする。

このような境界条件で，式(10.29)を満足させながら，式(10.27)，(10.28)を解くことにより，温度・濃度分布が求められる。**図 10.10** は半導体である$(Bi, Sb)_2Te_3$化合物の物性値を基本にして溶質分布を数値計算した結果である。計算パラメータとして，液相の熱伝導率（2, 8 W/mK）を変化させた 2 例を示している。多くの半導体は，固相状態では半導体であるため，液相では電気伝導率が高い伝導体（金属）である。熱伝導の多くは電気伝導と同様に電子が運んでいるため，半導体から金属に変化すると，熱伝導率は増加する。このような液相と固相の熱伝導率の差が，成長する結晶を不均一にする可能性があるため，パラメータとして数値計算がなされている。ほかのおもな計算条件は，液相線勾配 27 K，分配係数 $k = 0.82$，潜熱 7.1×10^8 J/m^3，固相の熱伝導率 2 W/mK，拡散係数 1×10^{-8} m^2/s である。

図 10.10(a，b)では，固相と液相の熱伝導率は等しい場合である。等温線，等濃度線とも水平になっている。成長界面は平滑であり，半径方向にも濃度差は生じていない。一方，図 10.10(c，d)では，固相と液相の熱伝導率の差により半径方向にも温度差が生じ，凹形状の成長界面になっている。さらに，溶質濃度も中心部が高くなっている。すなわち，成長している固相内で中心部と周辺部では溶質濃度に違いが生じている。数値計算により，ヒータの温度条件，

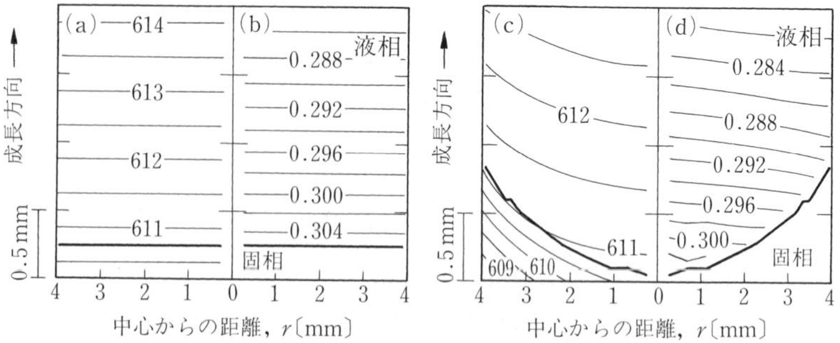

図 10.10　数値計算により結晶成長界面の形状，温度（左），濃度（右）分布
（a），（b）　固相と液相の熱伝導率が等しい場合，
（c），（d）　液相の熱伝導率が固相の 4 倍の場合

引下げ速度などの結晶育成条件の最適化を図り，このような濃度不均一が生じない結晶が得られる。

一般に，拡散現象は，相変態，結晶成長時のパターン形成，ミクロ組織形成などの多くの物理現象に関係している。しかし，拡散現象が単独で関与しているのではなく，温度場，電磁場などと連成している現象が少なくない。このように，偏微分方程式を連立させて解く必要のある現象では，解析的に現象をシミュレートできることはほとんどなく，数値解析が非常に役立つ。

10.5　連続体力学と有限要素法

物理現象を記述する偏微分方程式を数値的に解く手法の一つに有限要素法があることは 1.4 節で述べたとおりである。ここでは，機械や材料の分野におけるものづくりにおいて多く用いられている，有限要素法による固体の変形・応力解析について紹介する。有限要素法は，固体の変形・応力解析以外にも，10.1 節で述べた熱伝導問題，10.2 節で述べた流体力学の分野をはじめ，多くの工学における問題に適用可能である。興味ある方は文献[74)~78)]を参照されたい。

物体を連続体とみなしたとき，質点系の力学とは違い，その変形を考えるには自由度が無限であることから，物体を有限の小領域（これを要素と呼ぶ）に分割して解く。複雑な形状をした一般的な物体を表現するために種々の要素が開発されている。物体は当然ながら3次元体であるので，基本は3次元ソリッド要素であろう。標準的な3次元ソリッド要素には六面体要素がある。後に述べるが，要素の頂点を節点と呼ぶ。この場合，8節点六面体要素ということになる。**図10.11**には8節点六面体要素を用いた要素分割の例を示す[79]。また，車両や航空機など実際の物体は，軽量化などの理由から薄板であることが多いことから，面内と面外の変形を考えたシェル要素もある。標準的なシェル要素には4節点四辺形要素がある。**図10.12**および**図10.13**にはシェル要素を用いた解析例を示す[80),81)]。図10.12では，シェル-ソリッド遷移要素[81)]を用い，シェル要素とソリッド要素を併用した高度なモデル化の例を示している。また，平面応力あるいは平面ひずみ状態が仮定できる場合には，問題を2次元問題として簡略化して解くことが多い。この場合には，2次元要素として面内の変形だけを考えた4節点四辺形要素が用いられる。さらに，橋梁や建築物などではり要素（ビーム要素）を用いると便利である。このように有限個の要素の集合体として物体を表現する。物体を要素に分割することを空間的な離散化ともいう。

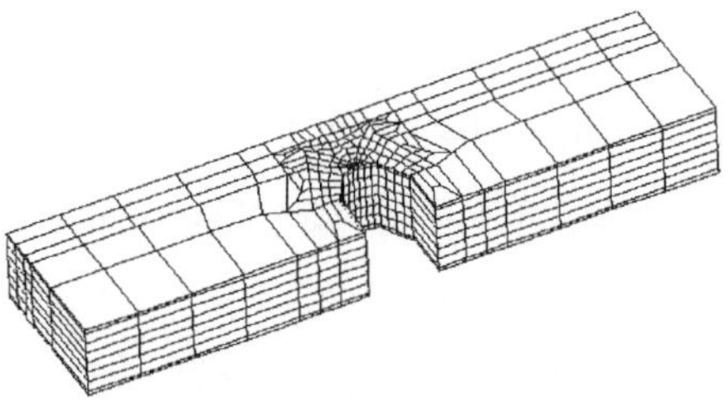

図10.11 切欠きを有する板の3次元要素分割の例

複雑な形状をした構造物や機械部品などを要素分割するためには，例えば簡単な2次元問題において4節点四辺形要素を用いる場合においても，形や寸法が異なる四辺形要素の集合体として物体を表現することになる。このことは，

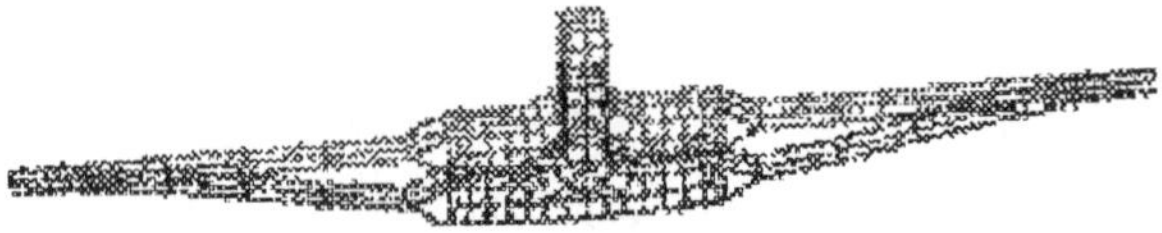

図 10.12　シェル要素とソリッド要素を併用したモデリングの例

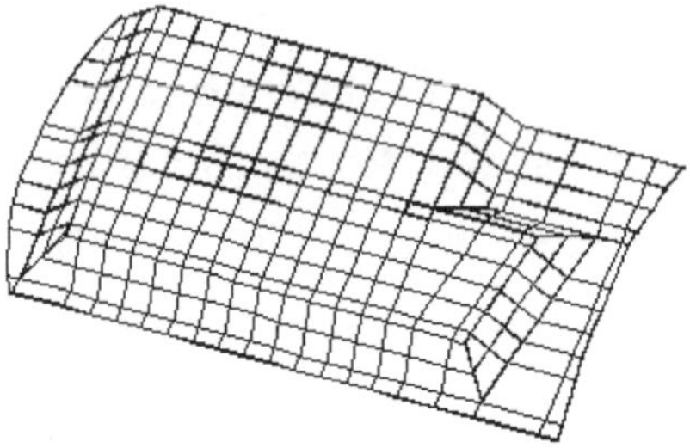

（a）　要素分割図（内側）

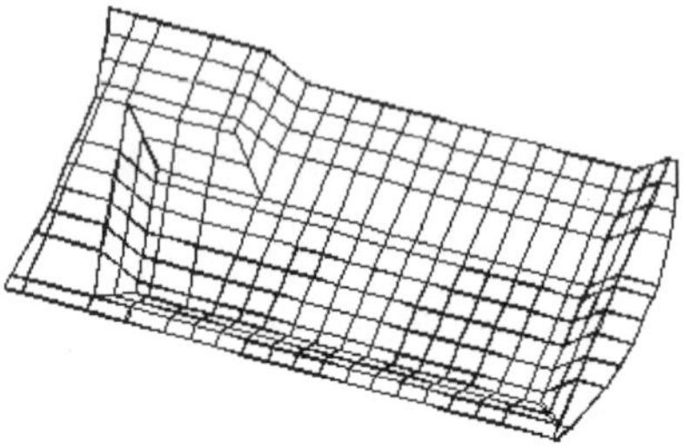

（b）　要素分割図（外側）

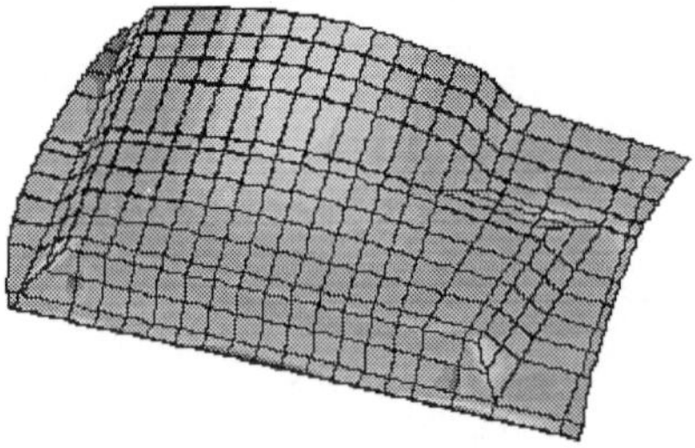

（c）　変形の様子と応力分布

図 10.13　自動車のドアパネルの有限要素解析例

図 10.11〜図 10.13 の例からも理解できよう。要素ごとに形や寸法が異なるということは，要素ごとに異なる計算をしなくてはならないということになる。これでは不便であるが，いわゆるワールド座標系（x-y-z 座標系，実空間）では形や寸法が異なる要素の話を，正規化座標系（ξ-η-ζ 座標系，計算空間）の話に置き換える。四辺形要素の場合には，ワールド座標系（x-y 座標系）では長方形の要素も台形の要素もすべて正規化座標系（ξ-η 座標系）では $-1 \leqq \xi,\ \eta \leqq 1$ なる正方形にする。この座標系間の変換は**写像**（mapping）と呼ばれる。写像関数は，有限要素法では**形状関数**（shape function）と呼ぶ。

いま，ある一つの要素について考える。物体内の変位場を考えるために，節点における変位のみを用い，要素内の変位場を適当な補間関数を用いて近似することにする。この補間関数として上記の形状関数を用いる要素をアイソパラメトリック要素と呼び，通常用いられる要素である。3 次元ソリッド要素もシェル要素も 2 次元要素も上述のように頂点にある節点を用いれば，辺上では両端点の値を用いて関数近似していることになるから，当然ながら 1 次関数による線形補間をすることになる。より高次の補間をするために，辺の中点にも節点を設けた要素もあるが，ここではふれない。本書の近似についてすでに学ばれた方なら，高次関数を用いた近似のほうが精度がよいことは理解できよう。とはいえ，一般の工学の現場においては，データ作成の手間などの観点から節点の数が少ない 1 次要素が用いられることが多い。

変位を微分すればひずみが得られ，さらに応力-ひずみ関係式より応力が得られる。例えば，構造物に孔や切欠きがある場合や，材料中にき裂が発生した場合など，その近傍にはひずみや応力が集中する。言い換えれば，応力やひずみの勾配が大きく，応力場を表す関数は複雑な関数となる。これを要素という区間に分けて精度よく近似しようと思えば，当然ながら場の勾配が大きな箇所では要素を細かく分割しなければならないことが理解されよう。このため，図 10.11 の例では切欠き底近傍の要素分割が細かくなっている。逆に，一様場を表現するには，細かい分割は不要であるといえる。

このように，有限要素法の考え方の基礎になっているのは，近似や補間である。では，具体的に固体の変形・応力問題の支配方程式と，有限要素法を用いた式の変形について簡単に述べる。なお，ワールド座標系（x-y-z 座標系）において，物体内のある点の変位ベクトルを $\{u\ \ v\ \ w\}^T$ とする。つまり，u は x 方向変位などである。ひずみベクトルを $\{\varepsilon\} = \{\varepsilon_x\ \ \varepsilon_y\ \ \varepsilon_z\ \ \gamma_{yz}\ \ \gamma_{zx}\ \ \gamma_{xy}\}^T$ とする。ただし，工学ひずみを用いる。応力ベクトルを $\{\sigma\} = \{\sigma_x\ \ \sigma_y\ \ \sigma_z\ \ \tau_{yz}\ \ \tau_{zx}\ \ \tau_{xy}\}^T$ とする。これらの 15 個の物理量が未知数となる。3 次元物体中のある 1 点における釣合い方程式は，重力や遠心力などのいわゆる物体力を無視すれば

$$\begin{cases} \dfrac{\partial \sigma_x}{\partial x} + \dfrac{\partial \tau_{xy}}{\partial y} + \dfrac{\partial \tau_{zx}}{\partial z} = 0 \\[2ex] \dfrac{\partial \tau_{xy}}{\partial x} + \dfrac{\partial \sigma_y}{\partial y} + \dfrac{\partial \tau_{yz}}{\partial z} = 0 \\[2ex] \dfrac{\partial \tau_{zx}}{\partial x} + \dfrac{\partial \tau_{yz}}{\partial y} + \dfrac{\partial \sigma_z}{\partial z} = 0 \end{cases} \tag{10.30}$$

と表される。また，変位とひずみの関係式は

$$\begin{cases} \varepsilon_x = \dfrac{\partial u}{\partial x}, \quad \varepsilon_y = \dfrac{\partial v}{\partial y}, \quad \varepsilon_z = \dfrac{\partial w}{\partial z} \\[2ex] \gamma_{yz} = \dfrac{\partial w}{\partial y} + \dfrac{\partial v}{\partial z} \\[2ex] \gamma_{zx} = \dfrac{\partial u}{\partial z} + \dfrac{\partial w}{\partial x} \\[2ex] \gamma_{xy} = \dfrac{\partial v}{\partial x} + \dfrac{\partial u}{\partial y} \end{cases} \tag{10.31}$$

である。ただし，ひずみは工学ひずみである。応力とひずみの関係式は

$$\begin{cases} \sigma_x = \dfrac{(1-\nu)E}{(1+\nu)(1-2\nu)}\left\{\varepsilon_x + \dfrac{\nu}{1-\nu}(\varepsilon_y + \varepsilon_z)\right\} \\[2ex] \sigma_y = \dfrac{(1-\nu)E}{(1+\nu)(1-2\nu)}\left\{\varepsilon_y + \dfrac{\nu}{1-\nu}(\varepsilon_z + \varepsilon_x)\right\} \\[2ex] \sigma_z = \dfrac{(1-\nu)E}{(1+\nu)(1-2\nu)}\left\{\varepsilon_z + \dfrac{\nu}{1-\nu}(\varepsilon_x + \varepsilon_y)\right\} \\[2ex] \tau_{yz} = G\gamma_{yz}, \quad \tau_{zx} = G\gamma_{zx}, \quad \tau_{xy} = G\gamma_{xy} \end{cases} \tag{10.32}$$

である。式(10.30)～(10.32)の計 15 個の式を連立させて解くことにより，上記の 15 個の未知数を求めるのである。なお，式(10.32)の応力-ひずみ関係式は，ベクトルと行列を用いて表記すれば

$$\{\sigma\} = [D]\{\varepsilon\} \tag{10.33}$$

ただし

$$[D] = \frac{E}{1+\nu}\begin{bmatrix} \frac{1-\nu}{1-2\nu} & \frac{\nu}{1-2\nu} & \frac{\nu}{1-2\nu} & 0 & 0 & 0 \\ & \frac{1-\nu}{1-2\nu} & \frac{\nu}{1-2\nu} & 0 & 0 & 0 \\ & & \frac{1-\nu}{1-2\nu} & 0 & 0 & 0 \\ & & & \frac{1}{2} & 0 & 0 \\ & \text{sym.} & & & \frac{1}{2} & 0 \\ & & & & & \frac{1}{2} \end{bmatrix} \tag{10.34}$$

となる。この対称行列 $[D]$ を応力-ひずみ行列と呼ぶ。

物体を要素分割したとき，ある一つの要素に注目する。この要素の節点数が m であるとする。節点における座標値を (x_i, y_i, z_i) $(i = 1, \cdots, m)$ とする。また，節点における変位を (u_i, v_i, w_i) $(i = 1, \cdots, m)$ とする。上述した要素の形状の補間と変位場の補間に用いる形状関数を $[N] = [N(\xi, \eta, \zeta)]$ とする。これは正規化座標系に関する関数である。要素は，ワールド座標系ではいかに複雑な形状をしていても，正規化座標系では，3 次元問題の場合は立方体，2 次元問題の場合は正方形である。節点の正規化座標系での座標値は ± 1 をとる。要素内（辺上を含む）の任意点 (x, y, z) のワールド座標系における座標値は

$$x = \sum_{i=1}^{m} N_i x_i, \quad y = \sum_{i=1}^{m} N_i y_i, \quad z = \sum_{i=1}^{m} N_i z_i \tag{10.35}$$

なる補間により計算される。同様に，要素内の任意点における変位は

$$u = \sum_{i=1}^{m} N_i u_i, \quad v = \sum_{i=1}^{m} N_i v_i, \quad w = \sum_{i=1}^{m} N_i w_i \tag{10.36}$$

となり，有限個の節点における変位を計算しておけば，物体の任意点での変位を補間により知ることができる。

式(10.36)により節点変位により表された任意点の変位から，式(10.31)によりひずみを求めると，最終的に

$$\{\varepsilon\} = [B]\{u\} \tag{10.37}$$

なるひずみ-変位関係式を得る。ここに，$\{u\}$ は要素の m 個の節点変位を並べたベクトル $\{u\} = \{u_1\ v_1\ w_1\ u_2\ v_2\ w_2\ \cdots\ u_m\ v_m\ w_m\}^T$ である。変位-ひずみ行列と呼ばれる $[B]$ の成分は具体的には以下のようになる。

$$[B] = [[B]_1\ [B]_2\ \cdots\ [B]_m] \tag{10.38}$$

$$[B]_i = \begin{bmatrix} \frac{\partial N_i}{\partial x} & 0 & 0 \\ 0 & \frac{\partial N_i}{\partial y} & 0 \\ 0 & 0 & \frac{\partial N_i}{\partial z} \\ 0 & \frac{\partial N_i}{\partial z} & \frac{\partial N_i}{\partial y} \\ \frac{\partial N_i}{\partial z} & 0 & \frac{\partial N_i}{\partial x} \\ \frac{\partial N_i}{\partial y} & \frac{\partial N_i}{\partial x} & 0 \end{bmatrix} \tag{10.39}$$

式(10.33)と式(10.37)により

$$\{\sigma\} = [D][B]\{u\} \tag{10.40}$$

となり，応力，ひずみとも節点変位を用いて表すことができた。

さて，偏微分方程式を解く場合，境界条件が必要である。変形・応力問題では，拘束条件と荷重条件の 2 種類の境界条件がある。式(10.30)の釣合い方程式と荷重条件は，ガウスの発散定理を用いて，次式の仮想仕事の原理と等価であることが証明され，以下では仮想仕事の原理式をもとに有限要素法で解くことを考える。なお，領域を V とし，外力が作用する表面を S とする。

$$\int_V \{\delta\varepsilon\}^T\{\sigma\}dV = \int_S \{\delta u\}^T\{f\}dS \tag{10.41}$$

ここに，$\{\delta u\}$ は仮想変位，$\{\delta\varepsilon\}$ は仮想変位から式(10.31)により定義される仮想ひずみであり，作用する外力を $\{f\}$ とした。式(10.41)の右辺は外力がなす仕事を表し，左辺は外力の作用により内部に生じるひずみエネルギーである。

仮想仕事の原理に関する詳細は文献[74)~78)]を参照されたい。

仮想仕事の原理式に，形状関数 $[N]$ なる要素を用いた有限要素法を適用すると

$$\int_V \{\delta u\}^T[B]^T[D][B]\{u\}dV = \int_S \{\delta u\}^T[N]^T\{f\}dS \tag{10.42}$$

を得る。これが，任意の仮想変位について成立することから，最終的に

$$\left(\int_V [B]^T[D][B]dV\right)\{u\} = \int_S [N]^T\{f\}dS \tag{10.43}$$

を得る。これは，要素について成り立つ式であり，剛性方程式と呼ばれる。いま

$$[K] = \int_V [B]^T[D][B]dV \tag{10.44}$$

$$\{f\} = \int_S [N]^T\{f\}dS \tag{10.45}$$

とおくと，要素の剛性方程式は簡単に

$$[K]\{u\} = \{f\} \tag{10.46}$$

と書ける。式(10.44)，(10.45)の積分は，6.2 節で述べた積分法を不等間隔分点へ適用したガウス積分により数値的に計算する[76),78)]。形状も寸法も異なる全要素に対してこの計算をすることになるが，正規化座標系で記述すればすべての要素について同じ計算を繰り返すだけでよく，数値解析に適した形式をしている。

すべての要素について要素剛性方程式が得られたら，重ね合せの原理により物体全体の剛性方程式を得る。この詳細については紙面の都合上本書ではふれないので，文献[74)~78)]を参照されたい。物体全体の剛性方程式は一般に元数の大きい連立方程式となる。しかし，係数行列である剛性行列が対称であり，かつ疎である性質を利用して，効率的な解法を用いることにより，高速に大規模な問題を解くことが可能である。

図 10.14 は，多孔質セラミックスの微視的な孔の配置を六面体要素により表現した例[25)]である。図ではわかりやすく，逆に孔だけを表示している。解析対

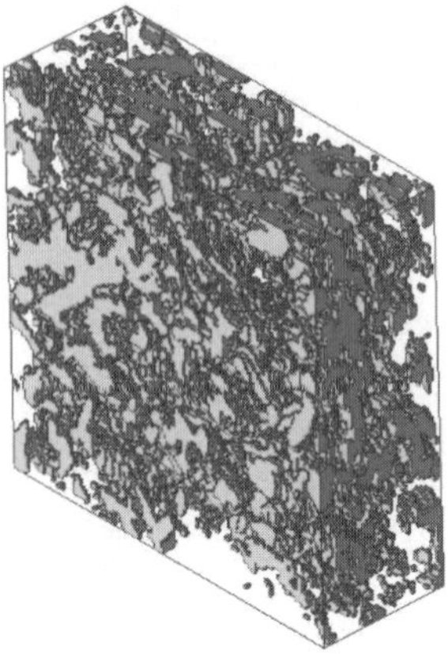

（a）　微視構造の要素分割

（b）　微視応力の解析例

図 10.14　多孔質セラミックスの微視的応力解析

象の領域の寸法は 280 μm×280 μm×100 μm であり，一つの要素の寸法は 2 μm である。要素数は 98 万である。1 節点当り 3 自由度であるから，解くべき方程式はおよそ 300 万元となる。この大規模問題を解くため，3.3.3 項で紹介した前処理付き共役勾配法をさらに発展させた **EBE-SCG 法**[24)]（element-by-element scaled conjugate gradient method）を用いることにより，通常のパーソナルコンピュータでの解析が可能である。セラミックス多孔体は，粉塵除去といったフィルタとしての用途のほか，断熱性など種々の優れた機能を有する多機能先端材料の一つである。そうした機能は，材料の微視構造に起因しているため，このような先端材料の微視的な解析が行われている[82)]。図 10.14 ではある負荷条件下での微視的な応力分布を示しているが，このような微視スケールでの応力測定は現在のところ不可能であり，数値解析が有用となる例の一つである。

金属，セラミックスと並び，20 世紀に開発された高機能材料として強化プラスチックがあげられる。炭素繊維を強化材とする **CFRP**（carbon fiber reinforced plastics）は，航空機やロケット・宇宙機器などにも使用されている複合材料の一つである。身近な例では釣竿などのスポーツ用品にも用いられている。強化プラスチックスの製造プロセスには，繊維束にプラスチックを含浸する工程がある。プラスチックが無数の繊維の隙間を流れる性質は，**透過性**(permeability）と呼ばれる。**図 10.15** は，繊維の束を織ることにより作成した強化織布のプラスチックの透過性を評価した例である[82]。図 10.15(ａ)は流線を表示しており，色が濃い領域では流速が速いことを意味している。図 10.15(ｂ)のような表示法はパーティクルトレースと呼ばれ，アニメーション表示により流れ場の把握に有効である。現在では，この例にもあるように，固体と流体の連成挙動の解析，温度・変形・電磁場の連成解析など種々の高度な問題が有限要素法により解かれている。また，自動車の衝突時の安全性確保のため，自動車の衝突解析も行われているが，これはテレビの CM にも登場したりするのでご存じの方もおられるのではないだろうか。材料や製品の性能の評価のための解析だけでなく，その逆解析を行うことにより，ある性能要求を

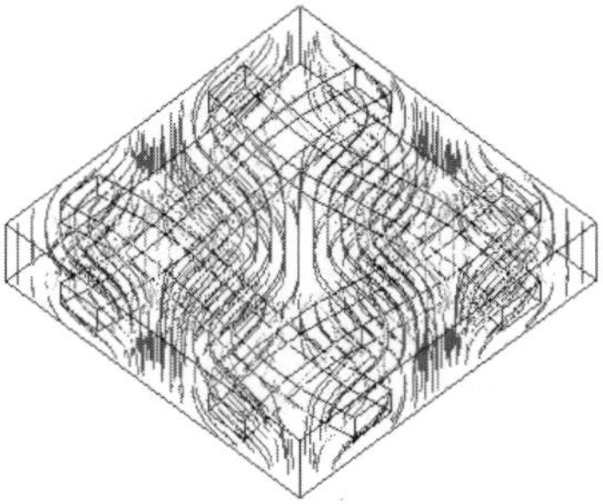

（ａ）　微視構造内の流速分布

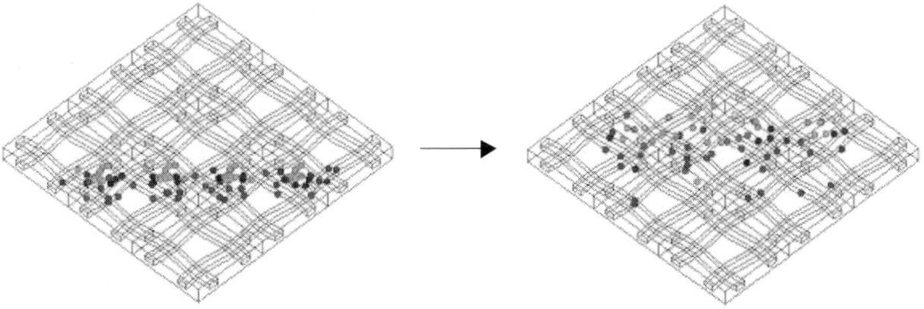

（ｂ）　流れ場のアニメーション表示

図 10.15　織物強化プラスチックの透過性の解析例

満足するための最適設計などもできる[83]。設計やものづくりに有限要素法による数値解析，あるいは**CAE**（computer-aided engineering）は欠かせないものとなっている[84)~91]。これというのも，多くの市販の汎用プログラムが出ているためである。汎用プログラムとは，その名のとおり，自動車でも航空機でも船舶でも，機械分野でも建築・土木分野でも汎用的に使用できるものである。有限要素解析に必要な要素分割を行うツール（プリプロセッサ）や，図に示したように解析結果をグラフィックス表示し，結果の分析を行うためのツール（ポストプロセッサ）も便利なものが多数ある。それらのツールを使いこなすうえで，本書に述べたように，精度向上のための理屈が近似や補間の精度と関連していることを理解いただければ幸いである。

引用・参考文献

本書では数値解法の基礎的な部分を取り上げたが，さらに専門的な数値解法は個々の専門書，学術論文にあたることが望ましい。本文中に引用文献としてあげたものも含め各章に関連した参考文献を以下に示す。

1) 高橋亮一：応用数値解析，朝倉書店（1993）
2) 山本哲朗：数値解析入門 現代数学への入門 14，サイエンス社（1976）
3) 大野豊，磯田和男監修：新版 数値計算ハンドブック，オーム社（1990）
4) 村田健郎，小国力，唐木幸比古：スーパーコンピューター科学技術計算への適用ー，丸善（1985）
5) 戸川隼人：共役勾配法，教育出版（1977）
6) 三浦登，福田水穂：自動車設計と解析シミュレーション，培風館（1990）
7) 中村喜代次，森教安：連続体力学の基礎，コロナ社（1998）
8) 石原繁：テンソルー科学技術のためにー，裳華房（1991）
9) K.-J. Bathe：Finite Element Procedures in Engineering Analysis, Prentice-Hall (1982)
10) 日本機械学会編：振動工学におけるコンピュータアナリシス，コロナ社（1987）
11) 吉田正廣，松浦武信，小島紀男，川上泉，松森徳衛：現代工学のためのマトリクスの固有値問題，現代工学社（1994）
12) 鷲津久一郎，宮本博，山田嘉昭，山本善之，川井忠彦共編：有限要素法ハンドブック Ⅰ 基礎編，p.94，培風館（1981）
13) 高野直樹：構造解析におけるスーパーコンピューティング，東京大学学位論文（1993）
14) F.シャトラン著，伊理正夫，伊理由美訳：行列の固有値，シュプリンガー・フェアラーク東京（1993）
15) G. Evans：Practical Numerical Analysis, John Wiley & Sons (1995)
16) 小国力：Fortran 95，C & Java による新数値計算法，サイエンス社（1997）
17) 村田健郎，名取亮，唐木幸比古：大型数値シミュレーション，岩波書店（1990）
18) 神谷紀生，北栄輔：計算による線形代数，共立出版（1999）
19) 矢川元基，吉村忍：有限要素法，培風館（1991）
20) 村田健郎，小国力，三好俊郎，小柳義夫：工学における数値シミュレーションースーパーコンピュータの応用ー，丸善（1988）
21) 小国力編著：行列計算ソフトウェアーWS，スーパーコン，並列計算機ー，丸善（1991）
22) 永井学志，山田貴博，和田章：三次元実画像データに基づくコンクリート材料

の有限要素解析手法，日本建築学会構造系論文集，**509**，pp.77-82（1998）
23）安達泰治，坪田健一，冨田佳宏：デジタルイメージモデルを用いた海綿骨の力学的再構築シミュレーション，日本機械学会論文集(A)，**66-648**，pp.1640-1647（2000）
24）N. Takano, M. Zako, F. Kubo and K. Kimura：Computational Method for Homogenization of Heterogeneous Materials with Voxel Element Modeling of Their Microstructures, Materials Science Research International—Special Technical Publication Vol.2, pp.66-71 (2001)
25）高野直樹，座古勝，久保太，杉谷宗彦，木村圭一：アルミナ多孔体の 3 次元ミクロ構造に基づく特性解析，日本材料学会第 30 回 FRP シンポジウム講演論文集，pp.231-232（2001）
26）N. Takano and M. Zako：Micro/Macro Stress Analysis—Modeling and Analysis of Heterogeneity in Ceramics—, Extended Abstracts of the 5th International Symposium on Synergy Ceramics, pp.78-79 (2001)
27）速水謙：Scaled CG 法再考，情報処理学会第 30 回全国大会予稿集，pp.1731-1732（1985）
28）三好俊郎，高野直樹：構造解析における反復解法について—ICCG 法と SCG 法の比較—，構造工学における数値解析法シンポジウム，12，pp.19-22（1988）
29）三好俊郎，高野直樹，吉田有一郎：スーパーコンピュータによる三次元有限要素解析，構造工学における数値解析法シンポジウム，10，pp.287-292（1986）
30）三好俊郎，高野直樹，吉田有一郎：スーパーコンピュータによる大規模構造解析（ICCG 法による有限要素解析），日本機械学会論文集(A)，**53-492**，pp.1607-1613（1987）
31）T. Miyoshi, N. Takano and M. Shiratori：Large Scale Structural Analysis by a Supercomputer, Proceedings of the 1989 ASME/JSME Pressure Vessels and Piping Conference, ASME PVP-Vol. **177**, pp.67-71 (1989)
32）高野直樹：ICCG 法による大規模構造解析，コンピュートロール，26，pp.26-31，コロナ社（1989）
33）山内二郎，森口繁一，一松信：電子計算機のための数値計算法，Ⅰ，Ⅱ，Ⅲ　数理科学シリーズ 1，培風館（1965）
34）伊理正夫：数値計算，朝倉書店（1981）
35）G. E. Forsythe，M. A. Malcolm，C. B. Molter 著，森正武訳：計算機のための数値計算法，日本コンピュータ協会（1978）
36）森正武：FORTRAN 77 数値計算プログラミング（増補版），岩波書店（1986）
37）中川徹，小柳義夫：最小二乗法による実験データ解析—プログラム SALS，東京大学出版会（1982）
38）川上一郎：数値計算，岩波書店（1989）
39）長嶋秀世：数値計算法，槇書店（1979）
40）高橋亮一，棚町芳弘：差分法：数値シミュレーションの基礎，培風館（1991）
41）杉山昌平：差分方程式入門，森北出版（1969）

42) 日本機械学会編：流れの数値シミュレーション，コロナ社（1988）
43) 小寺忠，長谷川健二：工学系学生のための常微分方程式，森北出版（1996）
44) 浅野功義，和達三樹：常微分方程式，講談社（1987）
45) 稲見武夫：常微分方程式，岩波書店（1998）
46) 及川正行：理工系の基礎数学 4 偏微分方程式，岩波書店（1997）
47) 洲之内治男，理工系の数学 15 数値計算，サイエンス社（1999）
48) S. V. Patankar 原著，水谷幸夫，香月正司共訳：コンピューターによる熱移動と流れの数値解析，森北出版（1997）
49) 日本機械学会偏：熱と流れのコンピューターアナリシス，コロナ社（1986）
50) 河村哲也：工系数学講座 10 応用偏微分方程式，共立出版（1998）
51) 大中逸雄：コンピューター伝熱・凝固解析入門，丸善（1985）
52) 標宣男，鈴木正昭，石黒美佐子，寺坂晴夫：数値流体力学―複雑流れのモデルと数値解析―，朝倉書店（1997）
53) 伏見正則：乱数，東京大学出版会（1989）
54) 宮武修，脇本和昌：乱数とモンテカルロ法，森北出版（1978）
55) 三根久：モンテカルロ法・シュミレーション，コロナ社（1994）
56) 津田孝夫：モンテカルロ法とシミュレーション，培風館（1969）
57) 神山新一，佐藤明：モンテカルロ・シミュレーション，朝倉書店（1997）
58) 片岡洋右：分子動力学法とモンテカルロ法，講談社サイエンティフィク（1994）
59) D.スタウファー著，小田垣孝訳：浸透理論の基礎，吉岡書店（1988）
60) 日本機械学会編：原子・分子モデルを用いる数値シミュレーション，コロナ社（1996）
61) 標宣男，寺坂晴夫，水上昭，小池秀耀：α-FLOW による熱と流れのシミュレーション，朝倉書店（1997）
62) 山口昌哉，野木達夫：数値解析の基礎，共立出版（1969）
63) 高橋亮一：コンピュータによる流体力学（演習），構造計画研究所（1985）
64) P. J. Roache 著，高橋亮一訳：コンピュータによる流体力学（上）（下），構造計画研究所（1978）
65) 上田顯：コンピュータシミュレーション，朝倉書店（1990）
66) 岡田勲，大澤映二編：分子シミュレーション入門，海文堂（1989）
67) 岡崎進：コンピュータシミュレーションの基礎，化学同人（2000）
68) 小竹進：熱流体の分子動力学，丸善（1998）
69) 北川浩，北村隆行，渋谷陽二，中谷彰宏：初心者のための分子動力学法，養賢堂（1997）
70) 福田承生，干川圭吾編著：現代エレクトロニクスを支える単結晶成長技術，培風館（1999）
71) 棚橋隆彦：電磁熱流体の数値解析 基礎と応用，森北出版（1995）
72) S. V. Patankar 原著，水谷幸夫，香月正司共訳：コンピューターによる熱移動と流れの数値解析，森北出版（1997）
73) 小竹進，土方邦夫：パソコンで解く熱と流れ，丸善（1988）

74) 鷲津久一郎，宮本博，山田嘉昭，山本善之，川井忠彦編：有限要素法ハンドブック　I　基礎編，培風館（1981）
75) O. C.ジェンキェビィッチ，K.モーガン著，伊理正夫，伊理由美訳：有限要素と近似，啓学出版（1984）
76) 矢川元基，半谷裕彦編著：有限要素法の基礎，朝倉書店（1994）
77) 田中喜久昭，長岐滋，井上達雄：弾性力学と有限要素法，大河出版（1995）
78) 久田俊明，野口裕久：非線形有限要素法の基礎と応用，丸善（1995）
79) N. Takano, Y. Uetsuji, Y. Kashiwagi and M. Zako：Hierarchical Modelling of Textile Composite Materials and Structures by the Homogenization Method, Modelling and Simulation in Materials Science and Engineering, **7-2**, pp.207-231 (1999)
80) 高野直樹，座古勝，上辻靖智，柏木有希雄：均質化法と異方損傷力学を用いた織物複合材料のメゾ強度評価，日本機械学会論文集(A)，**63-608**，pp.808-814（1997）
81) 高野直樹，座古勝，石園学：局所的不均質部を有する構造体のグローバル/ローカルモデリング，日本機械学会論文集(A)，**66-642**，pp.220-227（2000）
82) 高野直樹：均質化法による新しい数値シミュレーション，日本複合材料学会誌，**27-1**，pp.4-11（2001）
83) 日本材料学会編：改訂・初心者のための有限要素法，日本材料学会（2001）
84) 日本塑性加工学会編：非線形有限要素法，コロナ社（1994）
85) 後藤學：実践　有限要素法―大変形弾塑性解析―，コロナ社（1995）
86) 冨田佳宏：数値弾塑性力学，養賢堂（1994）
87) 市川康明：地盤力学における有限要素法入門，日科技連（1990）
88) 矢川元基：流れと熱伝導の有限要素法入門，培風館（1983）
89) 小柴正則：光・波動のための有限要素法の基礎，森北出版（1990）
90) 河瀬順洋，伊藤昭吉：電気・電子機器の実用解析，森北出版（1997）
91) 伊藤昭吉，河瀬順洋：電気・電子機器のCAE，森北出版（2000）

索　　引

——著 者 略 歴——

片岡　　勲（かたおか　いさお）

1973 年　京都大学工学部原子核工学科卒業
1975 年　京都大学大学院工学研究科修了
　　　　（原子核工学専攻）
1975 年　京都大学助手
1984 年　工学博士（京都大学）
1992 年　京都大学講師
1994 年　京都大学大学院助教授
1997 年　大阪大学大学院教授
2015 年　大阪大学名誉教授
2015 年　福井工業大学教授
2017 年　福井工業大学工学部長
　　　　現在に至る

安田　秀幸（やすだ　ひでゆき）

1986 年　京都大学工学部金属加工学科卒業
1991 年　京都大学大学院工学研究科博士後期課
　　　　程修了（金属加工学専攻）
　　　　工学博士（京都大学）
1991 年　大阪大学助手
1997 年　大阪大学大学院助教授
2004 年　大阪大学大学院教授
2013 年　京都大学大学院教授
　　　　現在に至る

高野　直樹（たかの　なおき）

1986 年　東京大学工学部精密機械工学科卒業
1988 年　東京大学大学院工学系研究科修了
　　　　（精密機械工学専攻）
1988 年　東京大学助手
1993 年　博士（工学）（東京大学）
1993 年　ミシガン大学客員研究員
1994 年　大阪大学助手
1995 年　大阪大学助教授
1997 年　大阪大学大学院助教授
2004 年　立命館大学教授
2008 年　慶應義塾大学教授
　　　　現在に至る

芝原　正彦（しばはら　まさひこ）

1992 年　東京大学工学部産業機械工学科卒業
1997 年　東京大学大学院工学系研究科博士課程
　　　　修了（機械工学専攻）
　　　　博士（工学）（東京大学）
1997 年　大阪大学助手
2000 年　大阪大学大学院学内講師
2003 年　大阪大学大学院講師
2004 年　大阪大学大学院助教授
2007 年　大阪大学大学院准教授
2012 年　大阪大学大学院教授
　　　　現在に至る

数値解析入門

Introduction to Numerical Analysis

2002 年 2 月 28 日　初版第 1 刷発行
2019 年 12 月 20 日　初版第 10 刷発行

検印省略

著　者　片岡　勲
　　　　安田秀幸
　　　　高野直樹
　　　　芝原正彦
発行者　株式会社　コロナ社
　　　　代表者　牛来真也
印刷所　壮光舎印刷株式会社
製本所　株式会社　グリーン

112-0011　東京都文京区千石4-46-10
発行所　株式会社　コロナ社
CORONA PUBLISHING CO., LTD.
Tokyo Japan
振替00140-8-14844・電話(03)3941-3131(代)
ホームページ　https://www.coronasha.co.jp

ISBN 978-4-339-06071-3　C3041　Printed in Japan　(富田)